과학이란 무엇인가?

박재용(서울교육대학교 교수)
이영희(단국대학교 교수)
조희형(강원대학교 명예교수)

교육과학사

머리말

우리는 '과학적'이라는 말을 자주 하고 듣는다. 누가 과학지식을 이용하거나 과학적 방법을 적용해 문제를 해결할 때, 과학적 연구를 통해 수집한 자료를 근거로 과학적 이론이나 가설을 검증하고 결론을 내릴 때, 또는 논리적 사고나 그 사고에 기반한 비판적 사고에 근거를 두고 객관적으로 판단할 때의 합리적 행동과 생각을 '과학적'이라고 말한다. 그러나 현대의 과학은 그런 '과학적' 과학만이 아니다. 과학적 연구는 꼭 논리적 절차에 따라서 수행되지 않고, 설사 논리적 과정을 따를지라도 객관적 자료만을 수집할 수 없기 때문인데, 그것은 현대의 과학을 비합리적이고 주관적인 학문으로 보는 근거가 되기도 한다.

과학에 대한 이해의 부족으로 인해 과학교육뿐만 아니라 정치와 행정, 종교, 심지어는 일상생활에서도 다양한 문제들이 생겨나고 있다. 2022년 개정 과학과 교육과정을 보면, 과학적 탐구활동이 탐구의 특정 과정과 활동에 치중해 있고, 목적이 애매한 실험이 대부분이며, 인과관계를 확인하는 실험은 거의 없다. 대학교에서는 5-8단계로 구성된 전통적 탐구 방법을 적용한 실험만이 이루어지고 정작 필요한 과학의 본성에 대한 교육은 이루어지지 않고 있다. 행정부에서는 과학과 과학기술에 대한 충분한 이해가 없이 경제적 성과만을 기준으로 과학기술 정책을 수립하고 예산을 배정한다. 오늘날 종교와 과학의 충돌은 성경을 문자적으로 해석한 탓이 있기도 하지만, 더 근본적인 문제는 과학의 본성을 잘못 이해하거나 과학을 절대화해 성경을 해석한 데서 비롯된다. 일반사회에서는 과학을 합리적 학문으로 절대화하고 숭배하는 입장에서 환원주의적 통합으로 생기는 상승효과(synergism)나 창발성(emergence)의 문제를 도외시한 채 리처드 도킨스(Clinton R. Dawkins, 1941~)의 무신론적 주장에 열광하고, 범주의 오류(categorical mistake)를 확실하게 벗어나지 못하는 에드워드 윌슨(Edward O. Wilson, 1929~2021)의 통섭(consilience)을 여러 분야의 지식을 통합하는 이상적 방법으로 수용한다.

과학에 대한 오해와 이해의 부족으로 생겨나는 이러한 문제들은 과학의 본성에 대한 올바른 이해를 통해 해결될 수 있으며 최소한 그 심각성이 해소될 수 있다. 학생들뿐만 아니라 일반교양인들이 과학의 본성을 제대로 인식하도록 하기 위해서는 각급 학교 과학 교과서의 탐구활동을 다양한 방법과 과정으로 구성해야 하며, 중등학교와 대학교에서는 과학의 본성 자체에 대한 교육도 필요하다. 과학의 본성에 대한 교육이 그렇게 이루어진다면 누구나 과학의 본성을 제대로 이해할 수 있을 것이다.

저자들은 과학의 본성을 종합적으로 그리고 상세히 알려주기 위해 이 책을 집필했다. 과학지식의 구성요소와 각 요소의 본질적 속성, 과학적 방법의 발달과 그 종류 및 한계, 그리고 과학기술과 사회의 관계 및 과학윤리를 특별히 자세하게 제시했다. 아마도 인식론 · 형이상학 · 논리학 · 윤리학 · 과학철학의 관점에서 보면 이 책의 구조와 내용이 어쭙잖아 보일 수도 있을 것이다. 그러나 저자들은 그런 인식의 가능성을 감안하면서, 과학철학의 전문적 용어보다는 과학적 연구 또는 과학적 탐구 상황에 친숙한 용어로 내용을 기술했다. 과학의 본성에 관심이 있는 독자들이 좀 더 편안하게 받아들일 수 있게 하기 위해서였다.

저자들은 이런 점을 감안해 읽어 줄 독자들에게 깊은 감사를 드립니다. 이 책을 읽으면서 내용과 관련된 문제나 건의 사항을 알려주시면 개정할 때 반영할 것입니다. 저자들은 이 책의 출간을 흔쾌히 허락해 주신 교육과학사 한정주 사장님, 그리고 출간에 관해 친절하게 안내해 주신 이정호 편집실장님과 서보운 과장님께도 심심한 감사를 드립니다.

2025년 6월
저자 일동

차 례

서 론

과학이란 무엇인가? 이 책의 제목으로 설정되어 있는 이 질문은 과학의 본체로 일컬어지기도 하는 과학의 실재(entity)에 관한 질문이다. 과학의 대상인 자연현상과 사물의 본체/실재는 그것의 속성(attribute)과 본성(nature)으로 기술된다. 자연현상과 사물의 속성은 오감을 통해 지각되는 본유적 특징을 지칭하며, 그 본성은 본디 고유한 성질을 말한다. 자연현상과 사물의 사실(fact) · 진리(truth) · 실체(reality)는 그 속성을 표현하는 용어이며, 그 진실(actuality) · 진상(substance) · 본질(essence)은 각 속성들이 가리키는 본성에 관한 추리의 결과다. 과학의 속성은 과학지식, 과학적 방법, 과학의 한계, 과학의 역사와 관련된 용어로 기술할 수 있으며, 그리고 과학의 본성은 과학의 정의, 목적, 가치로 표현할 수 있다.

전통적으로는 과학을 과학지식과 과학적 방법만으로 정의하고, 궁극적 진리의 규명에 일차적 목적을 둔 합리적 학문으로 인식했다. 그러나 과학적 방법론(scientific methodology)과 과학교육학에서는 과학의 구성요소를 과학지식 및 과학적 방법과 더불어 과학적 탐구, 과학자, 과학사회, 또는 과학적 · 공학적 실행, 공통 개념, 핵심 관념으로 기술한다. 한편 실증주의 이후부터 오늘날의 후실증주의에 이르기까지 지속적으로 발달해 온 과학철학에서는 과학의 본성을 자연의 발견, 발견법, 과학적 사실을 바탕으로 한 이론의 구성, 조직화된 과학지식, 문제해결, 논리적 탐구, 진리의 추구, 관찰 및 기술, 실행으로 설명한다. 이 책에서는 이런 내용을 다섯 장으로 나누어 자세하게 기술했다. 그리고 각 장의 맨 끝쪽에서는 장에서 기술하고 설명한 내용을 복습해 보도록 "생각 정리하기"를 두고, 모둠토의를 통해 주제에 대한 통일된 인식을 정리할 수 있도록 "생각 나누기"를 제시했다.

제1장에서는 과학의 본성과 속성을 구체적으로 살펴본다. 과학의 정의와 가치 그리고 그 목적으로 과학의 본성을 살펴보고, 과학의 영역과 대상으로 그 속성을 기술한다. 과학을 관찰이 가능한 자연현상 및 사물의 속성, 곧 사실 · 진리 · 실체와 그 지식을 기술하고, 이 속성을 바탕으로 각각의 본성인 진실 · 진상 · 본질을 추리하는 학문으로 정의한다. 과학의 가치로 진리 · 자유 · 의심 · 독창성 · 질서 · 의사소통과 아울러 호기심을 갖기, 증거를 중시하기, 의심하기, 다의성의 수용, 협력하기, 실패에 대한 긍정적 접근 등 과학 및 과학적 연구에 대한 과학자들의 이상적이고 바람직한 태도, 곧 과학의 정신(spirit of science) 또는 과학의 기풍(ethos of science)을 이루는 요소들을 제시한다. 과학의 목적으로는 기술 · 설명 · 이해 · 예상 · 통제를 제시하고, 과학의 영역과 대상을 기초과학 · 응용과학 · 과학기술로 나누어 기술한다. 그리고 제1장의 끝부분에서는 과학에 대한 잘못된 인식을 알아본다.

제2장에서는 물리학, 화학, 생명과학, 지구과학의 형성과 역사적 발달에 이어 각각의 핵심적 구성요소를 살펴본 다음, 전통적 과학 분야가 종합적으로 결합된 통합과학/융합과학에 관해 알아본다. 물리학은 자연철학의 가장 핵심적이고 보편적인 영역이었으며, 자연철학 안의 물리학이 대대적으로 재구성된 18세기 이후에는 역학·광학·전기력·자기력 등 실증이나 관찰이 쉬운 분야로 구획되었다. 현재 물리학은 주로 이론과 보편법칙 그리고 원리로 구성되어 있으며, 추상화와 이상화 그리고 수학의 역할을 준거로 다른 자연과학 분야와 구분된다. 근본적으로 물질의 성질과 반응을 다루는 화학은 고대의 야금·양조·하소 분야에서 시작해 중세의 연금술과 의화학을 기초로 해서 근대 화학으로 발달했다. 근대 화학이 특히 19세기 이후에는 무기화학을 이용해 원자가와 원자의 구조에 관한 개념을 바탕으로 유기화학이 탄생했으며, 생명과학 및 물리학과의 통합 영역이 발달했다. 오늘날 화학은 원소와 화합물에 관한 학문, 즉 전자의 효과에 관한 학문으로 규정되기도 한다. 고대 그리스의 자연철학에 융합되었던 생명과학은 아리스토텔레스와 갈레노스의 업적을 부정하고, 하비가 혈액순환설을 제시한 시기부터 근대 생명과학으로 발달했다. 현대의 생명과학은 물리학과 대조적으로 많은 부분이 개념으로 이루어져 있으며, 생리학·유전학 등 근인(近因)을 다루는 이론적·개념적 분야와 진화론과 같이 원인(遠因)을 대상으로 하는 원리 분야로 구분된다. 지구과학도 고대 그리스 시대에 형성되었으며, 현재는 물리학·화학·생명과학 분야와 여러 가지 측면에서 겹친다. 우리나라의 현대 지구과학은 시간적으로는 우주의 기원에서 미래까지, 공

간적으로는 지구의 중심부에서 우주의 끝까지를 그 대상으로 삼는다. 오늘날 과학과 과학기술은 여러 분야가 주제 또는 영역에 따라 통합·융합·통섭되어 학제적 과학 또는 종합과학을 이룬다. 미국의 국립과학재단(NSF)에서는 NBIC를, 유럽공동체에서는 CTEKS를 제시해 운용하고 있다. 우리나라에서도 2004년부터 과학 및 과학기술의 통합·융합·통섭에 관한 논의가 시작되었고, IT-BT-NT-CT를 미래의 유망한 과학기술의 틀로 삼아 융합연구 생태계 조성에 노력하고 있다.

제3장에서는 과학철학의 발달 과정을 살펴보고, 그 과정에서 제시된 과학적 방법과 과학의 발달 과정을 설명하는 모형에 관해서 기술한 다음, 과학지식을 검증하고 진리를 판단하는 방법에 관해 기술한다. 과학철학은 시간적 순서에 따라 경험주의, 합리주의, 실증주의, 반증주의, 반논리실증주의, 후실증주의의 발달 과정과 각 학파에서 제시한 과학적 방법과 과학지식의 검증 방법을 기술한다. 반논리실증주의는 실재론의 정의와 대두 배경에 이어 과학적 실재론과 비판적 실재론으로 나누어 살펴본다. 현대 과학철학으로 불리기도 하는 후실증주의는 쿤·라카토스·라우든의 철학, 그리고 구성주의와 과학사회학 및 과학지식사회학으로 구분해 기술한다. 제3장 마지막 부분의 과학지식을 검증하고 진리를 판단하는 방법은 일치설·정합설·실용설·실증론·반증론, 사회적 합의로 나누어 알아본다.

제4장에서는 과학적 방법과 과학지식의 본성 및 속성에 관해 기술한다. 과학적 방법은 그것을 적용하는 과정의 근간이 되는 과학적 사고와 과학적 사고를 통해 수행되는 사고실험의 특성과 사

례를 제시한 다음, 질적-귀납적 방법에 따른 실험적-귀납적 방법, 수학적-실험적 방법, 수학적-연역적 방법, 그리고 과학론과 과학교육학에서 주로 다루는 과학적 탐구 과정과 활동을 중심으로 살펴본다. 과학지식은 그 구성요소가 되는 과학적 사실 · 개념 · 법칙 · 이론 · 가설로 나누어 그 속성을 기술한다.

제5장에서는 과학 및 과학기술과 사회의 관계, 과학자의 특성, 과학/과학기술 윤리, 과학과 종교의 관계에 관해 기술한다. 먼저 과학 · 과학기술 · 사회의 관계에 대한 개념인 STS가 어떻게 하나의 새로운 과학관으로 형성되고 인식되었는지 살펴본다. 과학자는 그 정의, 과학자가 하는 일과 역할, 그리고 과학자의 의무와 책임에 관해 알아본다. 과학윤리 및 과학기술윤리는 생명윤리가 대두된 배경에 이어 과학윤리적 문제가 생기는 출처를 과학지식을 응용할 때, 과학적 연구를 수행할 때, 과학적 연구 결과를 발표할 때로 구분해 제시한다. 제5장의 마지막 부분에서는 과학과 종교의 관계를 종교와 과학의 속성과 본성 그리고 현대사회에서 과학과 종교 사이에 맺어진 관계로 나누어 살펴본다.

제1장 과학의 본성과 속성

과학의 본체는 그 본성이나 그 속성으로 표현할 수 있다. 과학의 본성은 과학이 본디부터 가진 고유한 성질로서 그 정의와 가치를 기술해 나타낼 수 있으며, 과학의 속성은 과학의 특징적이고 현시적인 특성으로서 그 목적과 한계를 인용해 기술할 수 있다. 과학의 실재로 일컬어지기도 하는 과학의 본체는 여러 요소와 측면으로 구성되어 있어서, 과학의 본체/실재, 곧 그 본성과 속성에 대한 인식은 장님이 코끼리를 만져보고 각자 지각한 대로 말하는 것과 같다. 과학의 본성과 속성을 규정하는 방식은 다양하겠으나, 이 장에서는 과학의 본체를 구성하는 과학의 정의·가치·목적, 과학의 영역과 대상에 관해 설명하고, 과학에 대한 오인과 그 한계에 관해 기술한다.

1. 과학의 정의

'과학'을 뜻하는 영어 'science'는 '안다(to know)'를 나타내는 라틴어 'scientia'에 어원이 있다. 16세기 프랜시스 베이컨(Francis Bacon,

1561~1626)이 처음 사용한 단어 '과학'은 고대 그리스 시대부터 자연철학에 통합되었으나, 19세기 자연철학과 구분하면서 오늘날의 의미와 같은 의미를 나타내기 위해 지어 붙인 용어다. 과학이 지금은 자연관 및 세계관, 인식론적·존재론적 신조, 그리고 각자의 관심 영역에 따라 서로 다른 의미로 인식된다.

목적론은 과학을 목적과 기능과 용도에 따라 기술한다. 목적론은 아리스토텔레스(Aristotle, 384~322 B.C.)의 목적인으로 불리기도 하는 최종인(final cause)에 기반을 둔 철학적 관점으로서, 자연과 그 안의 모든 사물이 특정한 목적을 위해 존재하고 작용한다고 생각한다. 기계론은 고대 그리스 데모크리토스(Democritus, 460~380 B.C.)의 원자론에 기원이 있는 철학적 관념으로서 우주와 인간을 비롯한 생명체를 복잡한 기계로 간주한다. 특히 17세기 과학혁명기 이후에 발달한 기계론은 과학을 기계적 과정과 인과율적 관계를 추구하는 학문으로 보고, 자연의 현상 및 그 안에 있는 사물을 인과적 관계, 기계적 원리와 과정으로 설명한다.

실재론은 과학을 자연의 진리와 그 실체 또는 본체를 추구하는 학문으로, 반실재론은 경험적으로 검증할 수 있는 과학지식을 추구하는 경험적 학문으로 간주한다. 과학적 실재론은 고대 그리스의 원자론과 비슷한 입장에서 자연의 진리와 과학적 이론이 기술하거나 설명하는 실체가 실제로 존재한다고 설명하며, 과학적 방법을 자연의 진리와 실체에 관한 지식의 형성 및 검증을 위한 가장 믿을 만한 방법이라고 주장한다. 힐러리 퍼트넘(Hilary Putnum, 1926~2016)으로 대표되는 20세기 과학적 실재론은 논리실증주의를 거부하면서 중력·원자 등 관찰할 수 없는 존재도 연구할 수 있다고 주장한다. 한편 로이 바스카(Roy Bhaskar, 1944~2014)가 주창한 이래 사회과학과 신학에서 널리 적용하는 비판적 실재론은 논리실증주의를 비판하면서, 자연현상의 인과관계와 원리, 그것들이 일어나는 구조와 기작, 자연에 존재하는 사물의 관념적 인식을 중요시한다. 또한 환경오염과 같은 현상과 사건의 원인에 관한 "왜" 질문을 중심으로 탐구한다.

국어사전에서는 과학을 자연세계의 진리나 보편적 법칙을 발견할 목적으로 한 체계적 지식, 또는 자연과학으로 정의한다. 과학철학에서는 관찰을 통해 정보를 수집하고, 수집된 정보를 실험을 통해 검증하며, 과학지식을 획득하는 학문으로 본다. 일반적인 의미로, 과학은 관찰이 가능한 자연현상 및 사물의 속성, 곧 사실・진리・실체와 그 지식을 기술하고, 이 속성 각각의 본성인 진실・진상・본질을 추리하는 학문으로 규정된다.

2. 과학의 가치

과학의 가치는 과학의 바람직한 원리・기준・질로서 과학의 핵심적 요소이자 과학이 추구하는 궁극적 이상이다. 과학의 가치는 생활에 대한 실용적 영역을 초월하여 과학교육과 과학적 연구에도 영향을 미친다. 특히 과학의 실용적 가치는 일상생활에서도 찾아볼 수 있다. 과학은 인간의 수명을 연장하고 건강한 삶을 증진하는 데 절대적 공헌을 한다. 과학적 연구를 통해서 건강을 조절하고 질병을 치료하기 위한 의약품을 개발하며, 고통을 줄일 수도 있다.

과학으로 생존에 필수적인 깨끗한 물을 얻을 수 있고, 건강한 식품도 조달할 수 있다. 과학은 음악과 체육을 통해 더욱 재미가 있고 즐거운 삶을 누릴 수 있게도 한다.

과학의 기능적 측면에서 볼 때, 과학의 가치는 과학의 교육이 필요한 이유를 설명해 주며, 과학자들이 수행하는 과학적 연구의 목적과 그 이유를 정당화한다. 과학교육학에서는 과학의 가치로 진리·자유·의심·독창성·질서·의사소통을 제시한다. 또한 미국과학진흥협회(AAAS)에서는 과학의 가치로 호기심을 갖기, 증거를 중시하기, 의심하기, 다의성의 수용, 협력하기, 실패에 대한 긍정적 접근을 제시한다. 과학의 가치는 모두 과학자들이 수행하는 탐구의 정신, 곧 과학의 정신(spirit of science)을 이루어 그들이 수행하는 과학적 연구와 과학적 활동의 기본적 바탕이 되며, 과학적 연구를 통해 도달하려는 이상으로 작용한다. 그러나 과학의 가치는 절대적이지 않고 문화적·시대적 상황과 과학기술의 발달 수준에 따라 그 내용과 기능이 달라진다.

과학사회학에서는 과학의 기풍을 이루는 과학의 가치로 보편성, 공유성, 무사심, 조직적 회의, 독창성을 제시한다. 처음 네 규범은 사회학자 로버트 머튼(Robert K. Merton, 1910~2003)이, 맨 뒤 독창성은 과학철학자 존 자이먼(John M. Ziman, 1925~2005)이 제시한 것이다. 보편성은 과학지식이 인종·종교·국적과 관계없이 과학에 내재하는 객관적이고 비인격적인 기준에 따라 평가해야 한다는 규정을, 공유성은 과학지식의 공공성으로서 과학지식은 누구나 공유할 수 있도록 공개해야 한다는 규범을, 무사심은 과학적 연구를 개인적 이익이나 특정 이념에 편향되지 않고 정직하고 객관적으로 수행해야 한다는 규범을, 조직적 회의는 과학지식을 과학자의 자유로운 의심과 객관적 분석을 기반으로 결정하고 검증해야 한다는 규범을, 그리고 독창성은 과학적 연구와 기술적 개발이 언제나 새롭고 기발해야 한다는 것을 지적하는 규범을 뜻한다. 과학의 가치는 이외에 지식의 형성, 과학기술의 함양, 경제성장의 원동력, 사고력 증진, 문화적 함양이 제시된다.

과학에 여러 가지 가치가 내재되어 있다는 말은, 가치중립적인 과학적 연구가 불가능하다는 뜻도 함축되어 있다. 실제로 과학의 가치는 과학철학, 특히 인식론의 변화에 따라서도 함께 변해왔다. 과학의 가치로 경험주의에서는 관찰의 객관성을 중요시했으며, 이성주의에서는 과학지식의 보편성과 절대성을 강조했다. 논리실증주의에서는 관찰의 객관성과 더불어 과학적 방법론 측면에서 확증성을 제시하고, 논리경험주의에서는 입증성을 강조했다. 반증주의에서는 반증성을 제안하고, 구성주의는 사회적 합의와 의사소통을 중요시한다. 과학의 가치는 과학적 사고와 과학적 활동의 기반이 되며, 과학의 본질적 속성을 이룬다.

3. 과학의 목적

과학철학에서는 과학의 목적으로 자연현상이나 자연의 사물에 관한 기술·설명·이해·예상·통제를 제시한다. 과학자가 과학적 활동에 실제로 적용하는 과학적 탐구 방법과 과정은 추구하는 목적마다 다르다. 〈표 1−1〉에서도 볼 수 있듯이, 과학적 탐구의 과정과 활동이 각각의 고유한 목적에 따라 수행되며, 또한 과학적 연구의 유형마다 고유한 목적을 추구하기 때문이다. 엄격한 의미에서, 과학적 탐구 과정과 활동의 한 유형인 실험은 변인들 사이의 인과관계를 확인하기 위해 정확하게 통제·조절하여 자료를 수집하는 방법이다.

〈표 1-1〉 과학의 목적 달성에 효과적인 과학적 탐구의 과정 및 활동과 과학적 연구의 유형

과학의 목적	과학적 탐구의 과정과 활동	과학적 연구의 유형
기술	관찰, 측정, 조사	실태조사, 상관관계 연구
설명	추리, 실험	사후연구, 진실험연구, 준실험연구
이해	자료변환, 자료해석, 조사	상관관계 연구
예상	예상, 실험	실태조사, 상관관계 연구
통제	변인통제, 실험	기술적 연구(개발)

〈표 1-1〉에도 제시되어 있듯이, 과학의 목적은 합당한 탐구 과정 및 활동과 적절한 연구 방법을 적용해서 달성된다. 자연현상에 대한 기술은 관찰·측정·조사를 포함한 기본적 탐구 과정을 통해서, 그리고 실태조사와 상관관계 연구를 통해서 달성된다. 설명·예상·통제는 인과관계를 확인하는 데 주된 목적이 있는 실험과 진실험연구 및 준실험연구를 통해서 달성된다. 진실험연구에서는 변인을 통제한 다음 생기는 자료를 수집하지만, 준실험연구에서는 이미 일어난 사건에 관한 자료를 무작위적으로 수집해 사후 통제·조절을 한다.

1) 기술

과학적 연구나 탐구를 통해 달성하려는 과학의 목적 가운데 가장 기초적인 목적인 기술(記述)은 관찰 또는 측정으로 수집한 자료를 이용해서 자연현상과 사물에 대한 단일 진술의 형태로 기록하거나 직설적으로 묘사하는 탐구의 방법과 과정이다. 자연현상을 관찰하거나 측정해서 수집한 결과는 일차적 정보 또는 원자료(raw data)라고 하며, 과학지식의 형성에 기초적인 자료가 된다. 암석학과 분류학 등 실험이나 이론보다 경험적 자료를 수집하고 분류하는 데 주된 목적이 있는 기술적 학문 영역에서도 일차적 정보는 이론의 확립에 필수적인 바탕이 되는데, 일차적 자료를 바탕으로 형성된 기술적 과학지식은 직관이나 형식적 사고를 거쳐 얻어진 이론적 과학지식과 구분된다.

자연현상을 기술할 때 이용되는 자료는 주로 관찰된 사실이나 현상을 기록하는 데 집중하는데, 이때의 자료는 관찰과 측정 외에 과학적 탐구 활동의 일환인 조사와 과학실험을 통해서도 수집된다. 비의도적이고, 비조직적이지만 기본적인 과학적 탐구 방법으로 이용되는 관찰이나 측정과 달리, 과학적 조사와 과학실험은 문제를 설정하고 그 해답에 필요한 정보를 수집하는 합목적적이고 체계적인 과학적 활동이다. 과학적 조사와 과학실험에는 각종 도구가 필요한데, 도구를 사용하는 측정을 통해 수집한 자료는 양적 자료로서 오감을 이용한 관찰로 수집한 질적 정보보다 통계적 처리가 더 쉽다. 도구를 사용해 수집한 양적 자료와 정보는 현상의 사실적 기술에도 효과적이다.

2) 설명

자연의 사물·개념·현상에 이름을 붙이기, 정의나 실례의 제시, 감정의 이입, 권위나 경험적 원리에 호소는 모두 다 설명이다. 과학철학에서는 사건이나 현상에 대한 해명도 설명이라고 한다. 단어나 문구가 과학적 상황에서 나타내는 뜻을 명료화하기, 신념이나 행동이 왜 합당한지에 관해 진술하기, 상태·사건·과정을 인과적으로 해설하기, 이론에서 법칙을 도출하기, 기관의 기능을 서술하기도 다 설명하기다.

과학자들이 수행하는 과학적 연구의 상황과 중등학교의 과학학습 현장에서는 과학의 목적 가운데 하나인 설명의 여러 기능 가운데서 원인의 제시가 가장 중요하게 다루어진다. 이는 변인들 사이의 인과관계, 즉 특정한 현상이 일어난 원인이 과학실험을 통해서만 밝혀지기 때문이다. 자연현상에 따라서는 조사를 통해서도 그 원인이 밝혀질 수 있으나, 조사의 근본 목적은 실태의 파악이나 상관관계의 확인에 있다.

3) 이해

이해는 주어진 정보와 자료에 담겨 있는 의미를 파악해 적용하고 분석하거나 다른 의미와 관련짓는 과정이다. 과학지식을 기억하지만 않고 기존의 과학지식과 통합해 체계화하는 것, 정보·자료·과학지식의 의미를 바꾸지 않고 다른 진술이나 자신의 말로 표현하는 것, 내·외삽을 통해 새로운 의미를 추리해 내는 것은 모두 이해의 행위다. 관찰·측정 자료를 도표로 나타내는 자료변환도 이해다. 이해에는 논리적 추리를 통해서 대상을 아는 경우도 포함되는데, 바로 이 점에서 이해는 지각적 수단인 관찰뿐만 아니라 직접적 경험을 통해서 대상을 아는 인식과도 구분된다. 과학의 핵심적 목적 가운데 하나로 설정되는 이해를 달성하는 데에는 기초 탐구 과정 가운데서도 예상 · 추리 · 자료변환 · 자료해석이 효과적이다.

과학의 한 목적인 이해는 과학적 탐구에도 필수적 수단이다. 이해는 일반화 · 법칙 · 이론으로 설명하거나 예상하기 어려운 분야에서 추구하는 과학적 연구의 주된 목적이다. 케플러 법칙과 알베르트 아인슈타인(Albert Einstein, 1879~1955)의 상대성이론 사이에는 인과관계가 없다. 케플러 법칙을 바탕으로 아인슈타인의 법칙이 형성되거나 아인슈타인의 법칙에서 케플러 법칙이 생겨난 것은 아니다. 그러나 그 두 관계를 이해하면 케플러 법칙을 뉴턴의 이론으로부터 도출할 수 있고, 두 법칙과 관련이 있는 개념들을 분석할 수도 있다. 이해는 인과율적으로 설명할 수 없는 학문 분야, 특히 상관관계에 관심이 있는 분야의 핵심 목적이다. 변인들 사이의 상관관계는 주로 과학적 탐구 활동인 조사를 통해서 확인할 수 있다.

4) 예상

과학적 연구는 어떤 원인을 근거로 해서 관측이 가능한 자연현상을 예상할 목적으로 수행되기도 한다. 예상은 미래에 일어날 현상을 다루며, 이때는 다루려는 현상이 일어나기 전에 제시된다.

과학적 연구에서는 자연현상의 원인으로 작용하는 변인을 바탕으로 아직 관찰되지 않은 결과를 예상하는데, 이때의 예상한 관찰의 결과는 종속변인이고 예상의 바탕이 된 원인은 독립변인이다. 예상은 기초 탐구 과정 가운데 하나다.

과학의 목적인 설명과 예상은 결론에 시간적 차이가 있을 뿐이지, 비슷한 모형과 논증 형식에 따라 이루어진다. 설명의 결론이 이미 일어난 사건을 진술함에 비해, 예상의 결론은 미래에 일어날 예정이거나 일어났으나 아직 알려지지 않은 사건을 기술한다. 예상은 보편법칙에 바탕을 두지 않고서도 가능하다. 이론과학에서 흔히 볼 수 있듯이, 예상은 이론으로부터 발견해야 할 사실이나 법칙을 추론해 실행할 수도 있다.

5) 통제

과학의 목적 가운데 하나인 통제는 사건, 일, 현상이 일어나거나 일어나지 않게 하는 억제와 조절을 말한다. 통제는 예상에도 필수적 수단이다. 예상은 통제할 수는 없지만, 정확한 인과율적 설명이 필요한 영역의 연구에 유용하다. 천체 현상은 원인을 정확하게 예상할 수 있으나 통제할 수는 없다. 그러므로 천문학 연구는 사실을 예상하고 관찰을 통해 예상한 사실의 진위를 검증할 목적으로 수행된다. 일식, 유성의 출현, 태풍의 진로, 지진의 발생도 정확하게 예상할 수는 있지만 통제하기란 거의 불가능하다.

통제는 실천적 활동으로서 기초과학보다 응용과학과 과학기술에서 더 중요시하는 연구개발의 목적이다. 사건을 통제한다는 것은 통제가 되거나 되지 않도록 억제하거나 어떤 목적에 맞게 조절한다는 뜻이다. 예상은 관련이 있는 지식과 방법을 이용해 자연을 통제하기 위한 사고 활동으로서 통제의 가장 초보적 수단이다. 따라서 통제는 예상과 아울러 자연과학에서 가장 낮은 수준의 과학적 활동으로 인정된다. 통합적 탐구의 한 과정인 변인통제는 과학의 목적으로서의 통제와 같은 목적에서 수행된다.

4. 과학의 영역과 대상

프랑스 철학자 이지도르 오귀스트 콩트(Isidore Auguste Comte, 1788~1857)는 과학을 지식의 형태에 따라 그리고 단순성에서 복잡성의 정도에 따라 형식과학, 무기과학, 생물과학, 인간사회과학, 이념과학으로 나누고, 교육학자 폴 허스트(Paul H. Hirst, 1927~2020)는 학문의 형태 이론을 제시하면서, 학문을 지식의 구조에 따라 수학, 물상과학, 인간학, 종교, 문학과 예술, 도덕, 철학으로 구분했다. 과학철학에서는 과학을 대상 또는 목적에 따라 형식과학과 경험과학으로 대별하고, 경험과학을 다시 자연과학과 사회과학으로 분류한다.

경험과학과 형식과학은 연구의 수단과 방식을 준거로 구분된다. 경험과학은 주로 경험에 바탕을 두고 연구하며, 형식과학은 추상적 사고를 기반으로 연구한다. 전통적 의미의 형식과학은 논리적 추리나 수학적 사고와 같은 순수한 사고를 통해 규칙적 형식을 연구한다. 형식논리학과 순수수학의 명제는 자연이나 경험적 사실에 지시대상(referent)을 갖고 있지 않기 때문에, 사물이나 자연현상에 관해 직접 경험할 수 있는 정보를 제공하지 않는다. 'A가 B보다 크고, B가 C보다 크다면 A가 가장 크다.'나 '2 더하기 3은 5다.'는 각각 논리학적 명제와 수학적 명제로서, 자연현상을 기술하지 않을 뿐만 아니라 어떤 정보도 제공하지 않는다. 오늘날에는 형식과학의 영역에 통계학, 컴퓨터과학, 체계이론, 정보이론도 포함시킨다.

경험과학은 경험할 수 있는 사물 · 현상 · 사실에 관해 연구하는 실질과학 또는 실증과학을 말한다. 경험과학은 자연현상과 생명현상을 다루는 자연과학과 사회적 · 문화적 현상을 취급하는 사회과학으로 대별된다. 자연과학은 실험 · 관찰 · 측정을 통해 자연에 관한 법칙과 이론을 추구하며, 사회과학은 설문과 면담 또는 통계적 분석을 통해 일반적 경향이나 실태를 탐색한다. 자연과학은 대상에 따라 물리학 · 화학 · 생명과학 · 천문학 · 지질학으로, 목적에 따라 순수과학(pure science) · 응용과학(applied science) · 과학기술(technology)로 나뉜다.

1) 순수/기초과학

순수과학으로 일컬어지기도 하는 기초과학(basic science)은 자연에서 일어나는 현상을 기술하고, 설명하며, 그 과정에 필요한 기술적 지식을 생성하는 데 목적이 있다. 기초과학은 그 목적에 따라 순수기초과학과 목적기초과학으로 구분된다. 순수기초과학은 과학자가 자신의 순수한 호기심을 만족시키거나 지적 욕구를 충족시킬 목적에서, 그리고 연구 그 자체를 위해 자발적으로 연구하는 과학 분야다. 이와 조금 다른 목적기초과학은 국가나 사회가 특별히 발전시킬 분야를 지정해 연구비를 지원하는 과제를 수행하는 과학이다. 순수과학/기초과학은 응용과학의 기초가 되며, 과학기술에 그 혁신적 개발을 위한 토대를 제공한다.

자연과학대학의 물리학·화학·생명과학·지질학, 인문대학의 심리학이 기초과학 분야의 예다. 기초과학은 어떤 단기적 목적이나 실용적 목적보다는 과학지식 그 자체를 추구한다. 기초과학 분야에서는 과학지식을 형성하고, 그것으로 생명과 자연에서 일어나는 제반 현상을 기술하며, 그런 현상이 일어나는 원인을 제시해 설명하고, 그렇게 함으로써 생명과 자연을 이해하는 것과 같은 목적을 추구한다. 기초과학 연구자는 과학지식의 용도 또는 그것으로부터 얻을 수 있는 경제적 이득이나 사회적 지위에는 관심을 가지지 않는다. 기초과학은 장기적 지식의 축적과 미래의 혁신적 기술 개발의 기반 마련에 목적이 있다.

2) 응용과학

응용과학은 자연현상을 예상하고 통제하며, 그에 필요한 절차적 지식을 생성하는 데 일차적 목적이 있다. 응용과학의 목적은 기초과학에서 얻은 지식을 이용해 인간 삶의 조건을 개선하고 인류의 복지를 향상하는 데도 있다. 또한 순수과학 지식을 실생활에 적용해 인간 생활을 더욱 풍족하고 편리하게 만드는 데 목적이 있다. 응용과학은 자연을 간섭하고 통제하며, 그에 따른 변화에 적용할 수 있는 수단과 지식을 제공하는 분야로서, 순수과학과 대조적으로 새로운 기술의 혁신, 실제적 문제의 해결, 경제적 성장에 필수적인 학문이다.

공학 · 의학 · 약학 · 농학 · 컴퓨터과학 · 환경과학과 같이, 응용과학 연구도 새로운 과학지식의 생성에 목적이 있다. 그러나 응용과학 연구로 얻어진 과학지식은 자연현상이나 생명현상을 설명하기 위해서라기보다 사회와 일상생활 문제를 해결할 때 직접 적용하거나 사회와 일상생활에 필요한 도구 · 제품 · 물질 · 방법 · 절차를 연구 · 개발하려는 목적에서 이용된다. 이와 같이, 응용과학은 순수과학 지식을 적용해 실제 문제를 해결하고, 삶의 조건과 환경을 개선하며, 사회와 경제를 발전시키는 데 절대적 영향을 미치는 학문을 가리킨다.

3) 과학기술

과학기술(科學技術)은 과학과 기술을 활용해 인간의 삶뿐만 아니라 과학 및 기술에도 유용하며, 혁신적인 제품 · 기술(技術) · 방법을 개발하고 활용하는 과학적 · 기술적 체계를 가리킨다. 과학사에 따르면, 자연을 개발하고 정복하는 수단으로서의 기술은 인류의 출현과 동시에 생겨났으며, 자연에 대한 체계적 사고 체계로서의 과학은 문명의 발생 시점에 시작되었다. 수도 펌프의 기술이 보여주듯이, 기술은 중세까지 과학과 상호작용하거나 특별한 관련이 없이 독자적으로 발전해 왔으며, 중세 이후부터는 과학과 상보적 관계를 맺음으로써 더욱 상승적으로 발전해 왔다. 전자 제품,

화학 약품은 모두 과학기술의 산물이다.

현대의 최첨단 과학기술로 인터넷·스마트폰·클라우드컴퓨팅의 정보통신기술(ICT), 양자컴퓨팅, 나노과학, 유전자편집(CRISPR)·줄기세포·맞춤형 의학의 생명과학 기술과 의료기술, 재생에너지·전기자동차·탄소포집 기술의 에너지와 환경과학 기술, 머신러닝·딥러닝·자율주행차·로봇의 인공지능과 로보틱스, 사물인터넷(IoT) 등을 들 수 있다. 과학기술은 전문적 기능(skill) 또는 기량(technique)에 응용과학 지식과 절차적 지식을 이용해 새로운 물질·기계·도구·방법을 창출하는 학문적·기술적 분야다. 과학기술에서는 응용과학 지식, 전문적 기술 또는 기량을 이용해 인공적 물질이나 도구도 만들어낸다.

5. 과학에 대한 오인과 한계

과학의 본성에 관해 잘못 이해하고 있는 일반인들뿐만 아니라 학생들도 적지 않다. 그들은 과학의 본성에 관해 따로 공부한 것이 아니라, 학교에서 과학을 공부하는 과정에서 획득하거나 일상생활의 경험을 통해서 그런 인식을 체득한 것이다. 과학의 본성에 대한 이해의 부족으로 과학을 절대화하거나 이상화하여 과학을 편향적으로 이해하며, 그런 과학의 시각으로 종교를 바라보기 때문에 갈등을 느끼기도 한다. 〈표 1-2〉에서 볼 수 있듯이, 그들은 과학지식뿐만 아니라 과학적 방법의 본성도 잘못 알고 있다.

〈표 1-2〉 과학의 본성에 대한 일반적인 오해

과학의 본성에 대한 일반적 오해	현대적 의미의 과학의 실제
과학적 이론은 검증되지 않는, 언제나 진리다.	과학적 이론은 과학이 발달함에 따라 바뀐다.
과학은 모든 문제에 정답을 제공한다.	과학의 문제에 대한 대답은 다른 문제를 야기한다.
과학적 법칙은 절대적 진리다.	과학적 법칙은 새로운 증거가 나타나면 언제라도 바뀐다.
과학과 과학적 방법은 모든 질문에 답할 수 있다.	과학은 도덕적 · 윤리적 · 사회적 질문에는 답하지 못한다.
과학적 실험은 과학지식에 이르는 핵심적 길이다.	과학지식은 실험 이외에 관찰 · 분석 · 상상 · 사고 · 조사 등을 통해서 획득된다.
과학적 연구의 결론은 정확하다.	과학적 연구의 결론은 아주 적은 수나 양의 증거에 바탕을 두어 도출한 것으로서 정확하지 않을 수 있다.
과학의 모형은 실체를 나타낸다.	과학의 모형은 친숙한 비유를 이용하여 자연현상을 설명하기 위해 만든 도구 및 수단이다.
과학은 과학자가 독자적으로 추구하는 학문이다.	현대의 과학자는 흔히 모둠으로 협력을 통해 연구한다.
과학과 과학기술은 동일하다.	과학기술은 과학의 응용 또는 그 이용이다.

과학에 대한 이런 잘못된 인식은 과학의 한계에 대한 몰이해나 오인에서도 비롯된다. 과학은 대우주 · 아원자와 같은 물리적 실체를 완전하게 파악하여 정확하게 기술하지 못하며, 그것들의 진실 · 진상 · 본질은 곧이곧대로 기술하지 못하는 상징 · 비유 · 모형 · 공식을 이용해 표현할 수밖에 없다. 과학은 도덕적 · 윤리적

판단도 내리지 못한다. 기후위기의 상태에 관해, 과학은 지금의 기후가 어떤 이유로 어떻게 나타났는지 기술할 뿐이며, 그에 관한 선악은 판단하지 못한다. 과학은 자연에 대한 심미적 판단도 내리지 못한다. 자연의 아름다움과 거대함에 관한 표현은 개인의 가치관에 따른 주관적 판단이지 객관적인 과학적 표현이 아니다. 과학적 탐구의 한계를 벗어나는 대상은 철학적 사고 또는 종교적 신앙을 통해서 이해할 수 있다.

과학은 이론의존적 관찰을 통해서 또는 인공의 기구를 사용하는 관측을 통해 조사하기 때문에, 객관적 자료를 수집할 수 없다. 그래서 감각적으로 수집한 자료를 바탕으로 도출한 결론의 진위나 타당성을 확신할 수 없다. 관찰・측정・실험 도구를 사용해 수집한 자료는 도구에 나타난 수치일 뿐이지 그것들을 사용해 확인하려는 진실・진상・본질을 표현하지 않는다. 관찰・측정・실험 도구는 가시적이고 관찰이나 측정이 가능한 현상・거리・크기에만 사용되며, 그러므로 관찰・측정하려는 사실・진리・실체에조차 미치지 못한다.

생각 정리하기

1. 과학의 정의에 관해 다음 주제를 생각해 보시오.
   1) 목적론에 따른 과학의 의미
   2) 실재론에 따른 과학의 의미
   3) 과학의 사전적 의미
   4) 과학의 본성

2. 과학의 가치에 대한 다음 물음에 답하시오.
   1) 과학은 어떤 가치를 추구하는가?
   2) 과학의 가치와 과학의 정신 및 과학의 기풍 사이에 어떤 관계가 있는가?
   3) 과학의 가치와 과학의 본성은 어떤 관계가 있는가?

3. 다음 과학의 목적을 달성하는 데 치중하는 과학의 분야, 목적의 달성에 주로 이용되는 과학적 탐구의 과정과 과학적 연구의 방법을 말하시오.
   1) 기술
   2) 설명
   3) 이해
   4) 예상
   5) 통제

4. 다음 과학 및 과학기술의 목적과 목적을 달성하기 위한 주된 방법과 활동을 말하시오.
   1) 순수/기초과학
   2) 응용과학
   3) 과학기술

5. 학생들과 일반인들이 과학에 관하여 무엇을 잘못 알고 있는지 말하고, 과학을 제대로 인식시키기 위한 방안을 제시하시오.

생각 나누기

1. '과학적' 또는 '합리적'이라는 말의 기원과 의미에 관해 각자의 견해를 말하고 다른 참가자의 견해를 비평해 보시오.

2. 자연과학 · 사회과학 · 인문과학의 학문적 특성과 차이점에 관해 말하고 참가자 전체의 통일된 견해를 구성해 보시오.

제2장 과학의 분야별 역사와 발달

오늘날의 자연과학을 의미하는 과학은 고대 그리스의 자연철학에서 분리되었다. 중세에는 자연철학이 신학 안에서 다루어졌다고 말할 수 있을 정도로 신학이 학문의 주류였다. 르네상스(14-17세기) 초기에 자연철학에서 과학과 신학이 분리되었고, 과학혁명(16-17세기)을 거치면서 과학과 신학이 뚜렷하게 구분되었다. 18세기 계몽시대에는 이성과 과학적 방법이 강조되면서 신학적 설명보다 과학적 설명이 더 신뢰할 만한 설명으로 수용되었으며, 과학도 오늘날의 물리학 · 화학 · 생명과학 · 지구과학으로 세분화되었다. 제2장에서는 물리학 · 화학 · 생명과학 · 지구과학 그리고 현대의 융합과학이 이와 같은 과학사적 상황을 거쳐 현대에 이르기까지 형성되고 변화 발달한 과정을 기술한다.

1. 물리학의 발달과 특성

물리학은 물질과 에너지로 우주의 구조를 결정하는 법칙을 추구하는 학문으로서, 물체 사이에 존재하는 힘과 운동, 물질과 에너지 사이의 상호작용이 주된 대상이다. 이런 대상은 물리학이 고대로부터 지금까지 변해 온 결과다. 아리스토텔레스에서 중세까지의 물리학에서는 자연현상을 수학 없이 질적으로 탐구했으며, 우주론·물상·화학·기상학·생명과학·심리학이 통합되어 있었다. 물리학의 대상이 18세기 이후부터는 고전역학·유체역학·정역학·광학·전자기학·기상학처럼 쉽게 관찰·측정·실험할 수 있는, 또는 현행 물리학 영역에 제시된 것과 같은 운동과 에너지 영역에 한정되었다.

물리학이 대대적으로 재구성된 18세기 이후에는 물리학의 범위가 실증하기 쉬운 역학, 유체역학과 유체정역학, 물·불·공기·흙의 물리적 성질, 광학, 전기와 자력, 기상학에 한정되었으며, 대부분의 물리학적 탐구에서는 수학을 적용해 수량화할 수 있는 자연현상을 수학적으로 기술하기 시작했다. 19세기 중엽 이후에는 고급수학을 요구하는 문제를 다루는 이론물리학이 형성되었으며, 그 결과 기상학이 물리학의 대상에서 떨어져 나갔고, 물·공기·불의 성질은 물리학에서 이미 분리된 화학의 주제가 되었다. 20세기에는 방사성과 미시세계에 대한 연구로 양자역학·원자물리학·핵물리학이 형성되었으며, 물리학 논문에서는 전기와 자력, 열과 열역학, 유체역학과 유체정역학, 빛, 역학이 핵심적 영역을 차지했다.

물리학이 형성되고 발달하는 과정과 경향을 가장 분명하게 보여주는 주제는 고전역학, 전자기학, 열역학, 그리고 양자역학의 하위 분야로 분류되며 상대성이론까지 아우르는 역학이다. 물체의 운동/동역학과 평형/정역학은 각각 아리스토텔레스와 아르키메데스(Archimedes, 287~212 B.C.)에서 시작되었다. 아리스토텔레스는 운동을 모든 물체가 제자리로 돌아가려는 상하 수직으로 움직이는 자연운동과 계속 힘을 받는 한 수평으로 움직이는 강제운동으로 구분했다. 아르키메데스는 지레와 부체(浮體)를 사용해 수집한 평형관계에 관한 자료와 수학적 계산을 바탕으로 정역학과 유체정역학의 기반을 확립했다. 비잔틴 시대의 자연철학자 요하네스 필로포누스(Johannes Philoponus, 490~570)는 아리스토텔레스의 운동 이론에 의심을 품고, 오늘날의 기동력설로 알려진 임페투스(impetus) 운동 이론을 제안했는데, 그의 기동력설은 갈릴레오 갈릴레이(Galileo Galilei, 1564~1642)에 의한 관성 개념의 형성에도 영향을 미쳤다. 14세기에 프랑스의 장 뷔리당(Jean Buridan, 1295~ 1363)은 기동력설로 낙하운동 현상을 설명했다. 갈릴레오는 사고실험을 통해 기동력설과 아리스토텔레스의 역학을 부정하고, 실험과 관찰을 통해 낙하운동과 관성에 관해 연구하고 등가속도 운동의 법칙을 발견했으며, 수학-실험적 방법을 도입해 역학을 수학적·실험적 토대 위에 올려놓았다.

갈릴레오 이후 역학은 원자보다 크고 빛보다는 느리게 움직이는 물체들 사이의 관계와 운동을 다루는 고전역학, 빛의 속력에 버금가는 운동을 대상으로 하는 상대성이론, 전기와 자기의 장을 주제로 하는 전자기학, 열·온도·일 및 입자로 이루어진 계의 성질을 통계학적으로 다루는 열역학, 그리고 원자 이하의 미시적 수준의 현상과 우주적 측정값도 연결하는 양자역학으로 분파되어 발달했다. 역학은 현대 과학의 핵심적 요소로서 공학과 과학기술, 항공우주공학, 천문학, 생명과학, 의약학, 에너지, 환경과학, 컴퓨터과학 및 인공지능은 물론이고 일상생활에도 큰 영향을 미친다. 오늘날에는 역학이 과학기술의 혁신 및 과학기술과 관련된 문제 해결의 이론적 배경이 되기도 한다.

물리학 내용은 본질적 특성상 대부분 이론과 보편법칙, 원리로 구성되어 있다. 물리학의 보편법칙은 특히 생명과학 법칙과 다르다. 생명과학 법칙은 관찰 자료에 바탕을 두어 일반화한 진술로서 생명현상의 규칙성을 언급하는 기술적 특성과 기능을 지닌 법칙으로서 지구의 생물에 한정된다. 그러나 물리학의 보편법칙은 중력의 법칙과 열역학 법칙과 같이, 지구상의 시·공간을 초월하는 보편적 명제로서 하나의 예외도 인정하지 않는 일반법칙이다. 그러므로 물리학 법칙은 간혹 사실로 인식하기도 하며, 아르키메데스의 원리와 같이 관찰 자료에 직접적 관계가 없는 원리를 법칙이라고 말하기도 한다.

현대의 물리학은 추상화와 이상화 그리고 수학의 역할을 준거로 다른 자연과학 분야와 구분된다. 자연과 기술의 복잡성은 관찰과 측정이 가능한 수준으로 환원되면 양적 예상이 가능해진다. 이런 목적을 달성하기 위해, 물리학은 실험실 상황에서 "효과"로 불리는 자체의 고유한 모형 현상을 생성한다. 물리학에서 전제하는 기본적 가정은 자연이 본질적으로 조직되어 있다는 것과 자연의 질서가 근본적으로 인간에 의한 접근이 가능하다는 것이다. 물리학적 사고는 세심한 관찰이나 측정이 아니라, 이론적 관점에 따른 자연의 특정 측면의 재구성에서 시작된다. 수학은 물리학에서 모형과 예상의 개발에 절대적 역할을 한다.

2. 화학의 발달과 특성

물질의 성질과 반응을 다루는 화학은 고대의 야금 · 양조 · 염색 · 무두질 · 하소(煆燒) 분야에서 측정과 실험에 기반한 실용적 기술, 물질의 불변성 또는 변형성에 관한 고대 그리스의 사색적 철학, 비금속을 금속으로 만들려고 했던 연금술, 화학적 성질과 동물의 질병을 다룬 의화학(iatrochemistry)에 기원이 있다. 그러나 화학이 화학적 현상의 복잡성, 순수물질을 판단할 준거의 결핍, 원소의 확인과 정의의 불확실성, 기체 상태에 관한 개념의 부재로 인하여 18세기까지는 자연철학으로 남아 있을 수밖에 없었다. 화학자들은 1730년대에 확립된 기체화학을 이용해 비로소 원자와 분자의 반응을 설명할 수 있었다. 현대의 화학은 기계론적 세계관에 바탕을 둔 기체화학을 기틀로 해서 확립되었다.

현대 화학의 기초가 된 연금술은 임시적 존재로부터 일부 조화로운 질서(cosmos)를 빼내 금과 같은 금속이나 장수 · 불사 · 구원의 인간과 같은 완전한 존재를 만들고자 했던 고대로부터 근대의 초기까지 발달한 실험적 · 자연철학적 전통으로서, 현대의 의학과 화학의 학문적 · 기술적 기초가 되었다. 연금술이 중국의 춘추전국 시대에는 인간의 수명을 연장하거나 영생을 얻기 위한 비약의 제조에 적용되었다. 로저 베이컨(Roger Bacon, 1219~1292)은 연금술의 실험적 방법과 기예를 활용해 연금술의 과학적 특성을 도출했으며, 독일의 의사이자 연금술사 파라켈수스(Paracelsus, 1493~1541)는 연금술을 의학에 응용해 질병을 화학적으로 치료했다. 뉴턴의 연금술에 대한 연구도 현대의 물리학과 화학의 태동에 영향을 미쳤다. 17세기 이후 과학혁명을 통한 과학적 방법의 발달로 연금술은 쇠퇴했으며, 그 자리를 로버트 보일(Robert Boyle, 1627~1691)과 앙투안 라부아제(Antoine-Laurent de Lavoisier, 1743~1794)가 화학적 연구에 정량적·실험적 방법을 적용한 현대의 화학이 차지했다.

연금술에 기원을 둔 의화학은 현대의 의학과 화학의 기틀을 제공한 16-17세기에 유럽에서 발전한 전과학(pre-science) 전통을 따랐다. 의화학의 창시자 파라켈수스는 의학자 클라우디오스 갈레노스(Claudius Galenus, 129~199)와 아비켄나/이븐 시나(Avicenna /Ibn Sina, 980~1038)의 의약학을 부정하면서 나름의 화학적 방법을 의약학에 적용해 질병의 원인과 치료 방법을 추구했다. 파라켈수스는 질병이 몸을 구성하는 수은·유황·소금의 세 가지 본질적 원리의 부조화에 기인하며, 연금술적 방법으로 적절하게 조제한 광물질 약품을 섭취하면 건강이 회복된다고 주장했다. 17세기에 이르러 보일이 과학적 이론을 근거로 화학적 화합물을 제조함에 따라 갈레노스와 파라켈수스의 의약학은 쇠퇴하기 시작했으나 18세기까지 유지된 그들의 의약학이 19세기 이후에는 화학요법의 탄생을 이끌었다.

한편 19세기 이후의 화학자들은 무기화학을 새로운 패러다임으로 이용해 원자가와 원자의 구조에 관한 설득력 있는 개념을 산출한 유기화학을 탄생시켰으며, 원자가 개념과 더불어 원자의 구조와 주기율표를 근간으로 원소 개념을 확립했다. 1880년대에는 화학과 물리학이 통합되었으며, 전자가 발견되어 화학적 친화도와 관련된 문제를 해결할 수 있었다. 현대의 화학에서는 생화학·지구화학·물리화학과 같은 통합 영역이 새로운 영역으로 발달하기도 했다. 현대 화학은 원소와 화합물에 관한 학문, 즉 궁극적으로는 원자의 바깥 궤도에 있는 전자의 효과에 관한 학문으로 규정할 수도 있다. 물리화학에서도 볼 수 있듯이, 화학과 물리학의 주제가 겹치는 이유도 바로 화학의 이러한 특성 때문이다.

3. 생명과학의 발달과 특성

생명과학은 카를 프리드리히 부르다흐(Karl F. Burdach, 1776~1847)가 1800년에 형태학·생리학·심리학적 관점에서 수행한 인간에 관한 연구를 지칭할 때 처음으로 사용한 용어다. 1802년에는 독일의 자연주의자·동물학자 고트프리트 라인홀트 트레비라누스(Gottfried Reinhold Treviranus, 1776~1837)와 장-바티스트 라마르크(Jean-Batiste Lamarck, 1744~1829)가 생명과학을 더욱 넓은 의미의 정의와 더욱 탁월한 학문으로 규정해 새로운 학문으로 받아들였다. 트레비라누스는 생명과학을 생명의 과학(science of life)으로 불렀으며, 라마르크는 육상물리학의 한 분야로 규정해 생명과학의 의미를 더욱 확장한 것이다. 그들은 자연의 다양한 동물·식물·광물의 목록을 중요시한 18세기 자연사학자들의 집착과 업적을 거부했지만, 생명현상과 생물체 구조와 기능에는 많은 관심을 가졌다.

근대의 생명과학은 아리스토텔레스의 생명과학적 업적과 생명관을 부정하고, 갈레노스의 의학에 대한 비판이 일어나고, 현미경이 발명됨으로써 형성되었다. 윌리엄 하비(William Harvey, 1578~1657)는 기계론적 혈액순환설을 제시해 아리스토텔레스의 목적론적 생명관을 부정했으며, 안드레아스 베살리우스(Andreas Vesalius, 1514~1564)는 인체의 해부를 통해 갈레노스의 생물학적 업적을 비판했다. 또한 네덜란드 박물학자 안토니 판 레벤후크(Anton van Leeuwenhoek, 1632~1723)가 제작한 현미경의 사용을 계기로 세포학이 생명과학의 한 분야로 형성되었다.

고전 생명과학은 생물의 구조와 기능, 기원과 진화, 분류, 생물 사이의 상호작용, 생물의 분포를 대상으로 삼았으나, 현대 생명과학의 대상에는 생물의 발달과 분화, 세포학, 유전학, 분자생명과학, 생태학도 포함된다. 생명과학은 지금도 자연철학이나 박물학의 일부로, 즉 이론보다 개념들로 조직된 지식체계로 인식되기도 한다. 분류학·형태학·생태학은 이론보다 개념 위주로 구성되어 있어서 생명과학을 기술적 학문으로 간주하는 근거가 된다.

대부분 이론과 법칙의 발달로 구성된 물리학사나 화학사와 달리, 생명과학사는 많은 부분 개념과 그 체계의 발달로 이루어져 있다. 이는 생명과학이 이론적 학문보다 개념적·기술적 학문으로 인식되는 이유가 되기도 한다. 생명과학은 근인(近因)(proximate cause)을 다루는 이론적 분야와 원인(遠因)(ultimate cause)을 대상으로 하는 원리 분야로 구성되어 있다. 세포학·유전학·생리학은 주로 이론으로 구성되어 있어서 근인의 규명에 목적을 두고 있다. 생물의 진화는 생명과학의 궁극적 설명체계, 곧 최종적 원리다. 그러므로 생명과학의 다양한 개념과 이론은 모두 생물의 진화의 설명 수단으로 이용된다. 즉 생명과학적 개념과 이론은 모두 진화로 수렴된다. 생명과학의 궁극적 목적이 생물 진화의 설명에 있다는 말이다. 현대의 생명과학은 과학의 핵심 분야로서 여러 과학이 통합된 종합과학, 즉 물리학적 · 화학적 원리와 이론이 결합된 통합과학으로 볼 수도 있다.

4. 지구과학의 발달과 특성

지구과학은 지구와 그것을 구성하는 요소, 그리고 지구와 관련이 있는 현상을 다루는 학문이자 인류의 생존과 번영에 필수적인 학문이다. 지구과학은 그것을 구성하는 여러 과학 분야의 연구 방법을 적용하는 복합 학문으로 규정되기도 한다. 각급 학교의 과학과 교육과정에서 중요한 과학 과목으로 설정되어 있는 지구과학의 핵심적 목적은 지구의 특성과 진화에 관해 기술하고, 설명하며, 이해시키는 데 있다. 지구과학은 원래 지질학 · 수문학 · 대기학의 세 영역으로 구성되었지만, 오늘날의 지구과학은 해양학 · 지질학 · 대기과학 · 지구물리학 · 천문학으로 세분되어 있으며, 행성우주과학에서는 다른 천체에 대한 연구도 수행한다.

지구과학은 고대 그리스 시대에 형성되기 시작했다. 아리스토텔레스는 지구를 구형으로 보았고, 클라우디오스 프톨레마이오스(Klaudios Ptolemaeos, 85?~165?)는 니콜라우스 코페르니쿠스(Nicolaus Copernicus, 1473~1543)에 의해 부정되기까지 1400여 년 동안 서양의 주된 우주설로 인정된 천동설을 제시했다. 16세기에 코페르니쿠스는 천동설을 부정하고 지동설을 제시했으며, 갈릴레오와 케플러는 코페르니쿠스의 지동설을 지지했고, 뉴턴은 만유인력 법칙을 통해 지구의 중력을 설명해 지동설의 물리학적 기반을 닦았다. 19세기에 영국의 지질학자 찰스 라이엘(Charles Lyell, 1797~1875)은 지구가 점진적으로 변한다는 균일론을 주장했으며, 기상학이 형성되기 시작했고 해양학이 태동했다. 20세기에는 독일 태생 알프레드 베게너(Alfred Wegener, 1880~1930)가 대륙이동설을 주장해 판구조론으로 확립했으며, 지구를 하나의 통합된 시스템으로 보는 지구시스템과학이 대두되었다.

지구과학의 기원도 고대의 신비주의에 있다. 지구과학은 고대 그리스 시대 이후 계속 발달했으며, 20세기에는 컴퓨터와 같은 첨단기술이 개발되고 판구조론과 같은 혁신적 이론이 제기됨에 따라 획기적으로 발달했다. 첨단기술은 방사성 동위원소 분석에 의한 연대측정, 결정학, 암석의 화학적 분석, 고생명과학 등 새로운 연구 방법의 개발과 새로운 분야의 형성에 영향을 미쳤으며, 판구조론은 20세기 지질학의 핵심 이론적 체계, 곧 패러다임이 되었다.

지구과학은 물리·화학·생물 등 다른 분야와 겹치는 부분이 많다. 그러나 지구과학의 개념적 구조와 방법론적 전략은 다른 분야의 구조 및 연구 방법과 다르며, 당연히 서로 다른 과정을 통해 발달해 왔다. 지구과학은 지구를 통합적으로 다루는 학문으로서 개념적으로는 지구와 이를 둘러싸고 있는 대기, 우주의 공간에서 일어나고 있는 자연현상과 우주의 구조 및 물질, 지구와 우주의 역사를 다룬다. 현행 지구과학은 시간적으로는 우주의 기원에서 미래까지, 공간적으로는 지구의 중심부에서 우주의 끝까지를 그 대상으로 삼는다. 지구과학은 앞으로도 각종 재난에 대응하기 위해 기후변화와 환경생태에 관한 연구도 지속할 것이다.

5. 통합과학/융합과학의 특성

학제적 과학(interdisciplinary science)은 물리학・화학・생명과학・지구과학이 연합된 조정과학(coordinated science), 통합과학(integrated science), 융합과학(convergence science)을 총칭한다. 통합은 과학과 과학 이외 분야의 상승적 종합을 뜻하며, 융합은 몇몇 분야별 공학과 특수한 과학기술의 창발적 종합을 말하며, 통섭(consilience)은 과학과 사회학을 비롯한 다른 분야에 고유한 지식의 환원론적・귀납적 종합(synthesis)을 일컫는다. 물리화학은 화학적 구조가 물리적 성질에 미치는 영향, 곧 열역학과 전기화학을 다루는 통합과학이다. 생명공학은 생명과학・물리학・화학・공학・정보과학이 종합적으로 결합된, 생활과 과학기술의 발전에 실용적인 제품이나 기술을 개발하는 융합과학이다. 모든 과학 분야를 물리학이라는 한 분야로 구성한 통일과학(unified science) 또는 STEAM(science-technology-engineering-art-mathematics)은 통섭과학이다. 2022 개정 교육과정에 따른 고등학교 과학 교육과정에는 통합과학 과목으로 〈통합과학 1, 2〉와 과학적 탐구 과정을 토대로 구성된 〈과학탐구실험 1, 2〉가, 융합선택 과목으로 〈과학의 역사와 문화〉, 〈기후변화와 환경생태〉, 〈융합과학 탐구〉 과목이 설정되어 있다. 각 과목은 관련된 분야의 지식, 방법론, 기술이 통합되거나 융합되어 있다. 한편 고등학교 과학과 교육과정에서와 같이 분야별 과목으로 설정되어 운영되는 과학을 조정과학, 중학교 과학과 교육과정에서와 같이 분야별 주요 영역을 한 과목에 모아 운영하는 과학을 합본과학(combined science)이라고 한다.

학제적 과학의 시초는 고대 그리스 시대의 자연철학이다. 자연철학은 철학 · 수학 · 천문학 · 점성학 · 생물학 · 의학 · 신학이 통합되었으며, 레오나르도 다 빈치(Leonardo da Vinci, 1452~1519)는 예술 · 과학 · 공학 · 기술이 결합된 융합과학적 기능을 활용해 창의적 능력을 발휘했다. 20세기에는 양자역학의 발달로 물리학과 화학이, DNA 구조의 발견으로 물리학 · 화학 · 생명과학이 융합되었다. 미국 국립과학재단(NSF)은 2002년 나노과학 · 생명공학 · 정보과학 · 인지과학(NBIC)을 수렴과학기술의 틀로 제시했으며, 유럽공동체(EC)는 2004년 인문학과 사회과학의 응용 분야와 공학을 융합한 사회과학기술을 강조한 '유럽지식사회를 위한 수렴과학기술(CTEKS: Converging Technology for the European Knowledge Society)'을 제시했다. 우리나라는 2000년대 초반에 IT-BT-NT-CT를 미래의 유망한 과학기술의 틀로 삼아 융합과학 연구 생태계를 조성하기 위한 계획을 수립했으며, 그 이후 몇몇 대학교에서는 융합과학 전공의 학과 또는 학부와 대학원을 설립했다. 학제적 과학은 물리학 · 생명과학 · 경제학이 새로운 패러다임으로 통섭된 시스템과학과 같이, 학문 간 경계를 초월하는 새로운 지식체계가 형성되는 간학문적 과학(transdisciplinary science)과 구분된다. 학제적 과학은 두 분야 이상의 지식과 방법을 융합하거나 통합해 문제를 해결하려는 과학을, 간학문적 과학은 과학 이외 학문의 지식과 방법까지 연합하거나 종합하고 각 분야의 협업을 통해 문제를 해결하려는 과학을 말한다.

생각 정리하기

1. 다음 과학의 분야별 내용 및 주제가 발달되어 온 과정과 발달 과정의 일반적 특성을 말하고, 현행 과학과 교육과정에 제시된 분야별 핵심적인 영역을 말하시오.
   1) 물리학
   2) 화학
   3) 생명과학
   4) 지구과학

2. 과학사가 과학교육에 중요한 이유를 말하시오.

3. 다음 주제에 관해 생각해 보시오.
   1) 교육과정에서 말하는 학제적 과학(interdisciplinary science)과 간학문적 과학(trans-disciplinary science)을 규정하고, 공통적 주제와 차이를 말하시오.
   2) 과학의 통합, 융합, 통섭, 합본, 조정의 방법과 그에 수반되는 문제를 말하시오.
   3) 2022년 개정 과학과 교육과정에 설정된 《통합과학》 과목과 《융합과학 탐구》 과목을 구성한 방법, 내용으로 포함된 주제 및 영역이 적절한지 생각해 보고, 혹시 더 좋은 방안이 있다면 제안해 보시오.
   4) 2022년 개정 고등학교 과학과 교육과정에 설정되어 있는 〈과학탐구실험 1, 2〉를 통일과학으로 볼 수도 있는 그 이유를 말하시오.

생각 나누기

1. 통합과학과 융합과학의 중요성과 고등학교 과학과 교육과정에 설정한 이유를 각자 설명하고, 의견을 비교해 보시오.

2. 고등학교 통합과학과 융합과학 그리고 중학교 과학의 내용과 조직을 각자 비교하고, 각 과목의 공통점과 차이점을 표로 정리해 보시오.

3. 물리학 · 화학 · 생명과학 · 지구과학을 구분하는 기준에 관해 토의해 보시오.

제3장 과학철학과 과학의 발달 모형

과학철학은 넓은 의미로 자연과학·형식과학·사회과학을 포함한 모든 과학의 철학적 가정·기초·시사점을 뜻하며, 좁은 의미로는 관찰·논증형식·전제를 비롯한 과학적 방법과 과학적 탐구 과정 및 활동을 설명하고 그 타당성을 검토하는 철학 분야를 말한다. 과학철학에서는 경험주의·이성주의·실증주의는 전통적 과학철학으로, 과학적 실재론과 비판적 실재론을 비롯해 그 이후에 대두된 반실증주의 과학철학은 새로운 과학철학 또는 후실증주의(post positivism)로 일컬어진다.

실증주의는 검증이 가능한 정도에 관한 관점에 따라 논리실증주의와 논리경험주의로 분파되었으며, 논리실증주의는 조작주의와 환원주의로 발달했다. 반증주의는 전통적 과학철학에서 후실증주의로 발달하는 과정의 과도기 단계에서 제시되었다. 〈표 3-1〉에서와 같이, 전통적 과학철학은 몇몇 학파로 발달하는 과정에서 각 학파에 고유한 과학적 방법을 제시했다. 한편 실용주의는 1870년대 미국에서 시작된 철학적 사상으로서 진리, 의미, 과학지식의 본질을 유용성에 따라 판단한다.

〈표 3-1〉 전통적 과학철학의 발달과 과학적 방법의 변화

<table>
<tr><th colspan="2">과학철학 학파</th><th>과학적 방법</th></tr>
<tr><td colspan="2">경험주의(empiricism)</td><td>귀납법(induction)</td></tr>
<tr><td colspan="2">이성주의(rationalism)</td><td>연역법(deduction)</td></tr>
<tr><td rowspan="2">실증주의
(positivism)</td><td>논리실증주의
(logical positivism)</td><td>확증법(verification)</td></tr>
<tr><td>논리경험주의
(logical empiricism)</td><td>입증법(confirmation)
= 가설 - 연역법, 귀추법</td></tr>
<tr><td colspan="2">반증주의(falsification)</td><td>반증법 = 가설 - 연역적
(hypothetico - deductive) 방법</td></tr>
<tr><td colspan="2">실용주의(pragmatism)</td><td>귀추적 추리
(abductive reasoning)</td></tr>
</table>

〈표 3−1〉에서 귀납법은 스콜라 철학의 권위와 함께 논리에 기반해 그리고 근대 초기 자연철학의 한계와 비실용성을 극복하기 위해 베이컨이 과학적 방법으로 주창한 논리적 추리며, 연역법은 베이컨이 제시한 귀납법의 불확실성을 지적함과 동시에 수학적 방법을 과학에도 적용할 목적으로 르네 데카르트(René Descartes, 1596~1650)가 제언한 논리적 추리와 수학적 증명 방법이다. 가설의 설정과 검증 단계로 구성된 가설-연역법은 자연현상을 조직적으로 이해하고 탐구하기 위해 그리고 귀납법과 연역법의 한계를 극복하기 위한 일환으로 논리경험주의와 반증주의가, 귀납법 또는 가설-연역법의 한 유형인 귀추법은 특별히 연역적 추리의 한계와 가설의 중요성을 인식하고 현재의 이론으로 설명할 수 없는 자연현상을 설명하기 위한 방법으로 실용주의가 제시했다. 이 방법들은 모두 논리적 추리가 그 근간을 이루지만, 〈표 3−2〉에 제시된 바와 같이 논증의 형식은 서로 다르다.

〈표 3-2〉 귀납적 추리 · 연역적 추리 · 가설-연역적 추리 · 귀추적 추리의 각 형식과 예시

귀납적 추리	연역적 추리	가설-연역적 추리	귀추적 추리
• 증거 E가 관찰된다. • 증거 E이면, 가설 H다. • 그러므로 가설 H다.	• A는 B다. • B는 C다. • 그러므로 A는 C다.	• 가설이 H이면, 증거 E다. • 증거 E다. • 그러므로 가설 H다.	• 어떤 현상 E가 관찰된다. • 가설 H가 참이면, E가 설명된다. • 그러므로 가설 H가 참일 수 있다.

실증주의가 제시한 과학적 방법은 모두 논리적 추리가 근간을 이루어 과학을 합리적 학문으로 보는 근거가 된다. 그러나 실증주의는 과학적 방법, 추구하는 대상과 그 본체에 관한 관점에 따라 반증주의, 실재론, 후실증주의의 근원이 되었다. 반증주의는 과학 지식의 절대적 검증이 불가능하다고 본다. 실재론은 과학적 이론이 설명하는 관찰할 수 없지만 객관적으로 존재하는 본체에 관해 탐구할 수 있다고 가정하며, 후실증주의는 관념론과 상대론적 관점에서 본체를 탐구하고 설명한다.

1. 경험주의와 귀납적 추리

경험주의는 인식의 기원으로서, 그리고 과학지식의 출처로서 경험을 제시한다. 이때의 경험에는 오감을 통한 지각적 경험, 신체적 경험, 그리고 정신적 사고 경험이 모두 포함된다. 경험주의는 실증주의가 논리경험주의와 논리실증주의로 분파되어 독자적 학

파로 발달하는 기원이었으며, 반증주의가 형성되고 발달하는 근원적 바탕도 되었다.

1) 경험주의의 형성과 발달

경험주의의 원천은 아리스토텔레스에게도 있다. 고전적 경험주의는 지식이 이성을 통해 얻어진다고 강조한 근대 최초의 합리주의자 데카르트에 상반된 견해를 제시한, 지식의 근원으로 형식과 직관을 중시한 플라톤(Plato, 427~347 BC)과 아리스토텔레스 철학을 근본으로 영국에서 발달했다. 고전적 경험주의는 베이컨이 주창하고 토마스 홉스(Thomas Hobbes, 1588~1679), 존 로크(John Locke, 1632~1704), 조지 버클리(George Berkeley, 1685~1753), 데이비드 흄(David Hume, 1711~1776), 존 밀(John S. Mill, 1806~1873), 버트런드 러셀(Bertrand Russell, 1872~1970)이 발달시킨 지식이론이다.

베이컨의 고전적 경험주의는 인간이 감지하는 실재, 즉 절대적 진리와 사물이 자연에 객관적으로 존재한다고 가정한다. 로크는 갓 태어난 어린이의 머리가 백지상태(tabula rasa)이며, 그의 머리에 마음의 구성단위인 관념이 감각과 반성, 또는 내성의 두 가지 경험을 통해 발달한다고 주장했다. 감각은 지각을 통해 정보를 획득하는 수단이며, 반성 또는 내성은 몇 개의 단순한 관념을 더 복잡한 관념으로 통합하는 과정이다. 로크와 달리, 흄은 마음의 구성단위로 인상(impression)을 제시하고, 몇 개의 지각적 인상들을 바탕으로 관념(idea)이 마음에 형성된다고 주장했다.

고전적 경험주의에서 나온 귀납적 경험주의는 과학적 방법으로 구체적 사실에서 일반법칙을 도출하는 귀납적 추리를 강조해 베이컨이 발달시킨 베이컨 경험주의의 모태가 되었으며, 유럽대륙에서 형성된 논리실증주의의 이론적 배경이 되기도 했다. 베이컨 경험주의는 20세기 초반에 논리경험주의로 발달했으며, 논리실증주의는 조작주의와 환원주의에 이론적 기반을 제공했다. 고전적 경험주의의 다른 학파인 연역적 경험주의는 칼 포퍼(Karl Popper, 1902~1994)에게 반증주의와 그에 따라 제안된 가설-연역적 방법의 기틀을 제공했다.

경험주의에 따르면, 오감을 통한 지각적 경험으로 과학적 사실이 발견되고, 그렇게 발견된 과학적 사실에 나타나는 규칙성을 바탕으로 더욱 포괄적인 과학적 법칙이 일반화되며, 과학적 사실과 일반화된 과학적 법칙의 진위가 다시 지각적 경험에 의거해 검증된다. 경험주의는 또한 과학지식이 신체적 경험과 정신적 사고 경험을 통해 자연에서 발견한 과학적 사실과 과학적 사실에 바탕을 두어 일반화된 과학적 법칙이 차곡차곡 쌓여서 발달한다고 주장하면서 과학지식이 발달하는 과정을 누가적 모형으로 설명한다. 실증주의와 반증주의도 과학지식이 형성되어 검증되고 발달하는 과정에 관해서는 경험주의와 비슷한 견해를 표명한다.

2) 귀납적 추리 방법의 특성과 한계

자연현상에는 규칙성이 나타나며, 그런 규칙성은 감각적 인식과 추론을 통해서 과학지식이 된다. 베이컨은 자연현상에 나타난 규칙성의 인식에는 선험적 추리나 직관보다 관찰의 결과에 바탕을 둔 귀납적 추리가 더 적절하다고 생각했다. '과학적 방법의 아버지'로 일컬어지는 베이컨은 아리스토텔레스가 단지 몇 개의 사실에서 곧바로 일반화를 도출하는 우를 범했다고 비판함과 동시에, 귀납적 추리를 자연현상의 진리에 이르는 이상적인 과학적 방법으로 간주하면서 귀납적 추리를 과학적 방법으로 이용할 것을 제시했다. 그리해서 귀납적 추리에 의한 자연에 대한 탐구가 최초의 과학적 방법으로 제시된 셈이었다.

〈표 3-2〉에도 기술되어 있듯이, 귀납적 추리는 몇 개의 특수한 사례를 바탕으로 그 사례들을 모두 포함하는 진술로 일반화하는 논증 방법이다. 고전적 경험주의에서는 이런 귀납의 원리를 과학적 법칙의 도출에 가장 실제적인 방법으로 받아들인다. 귀납의 원리는 '일반화의 바탕이 되는 관찰 진술의 수가 될수록 많아야 한다', '가능한 한 다양한 상황에서 관찰해야 한다', '관찰 진술이 일반화된 법칙과 모순되지 않아야 한다'의 세 조건으로 이루어져 있다. 이 귀납의 원리는 '여러 조건에서 A를 수없이 관찰하고, 관찰된 A가 모두 B의 특성을 지닌다면, 모든 A는 B의 특성을 갖는다'와 같은 한 문장으로 진술된다.

그러나 과학적 방법으로 적용되는 귀납법은 귀납의 원리를 충족시키지 못하는 문제, 흄의 문제, 관찰과 관련된 문제를 안고 있다. 귀납법은 일반화의 필수적 조건인 관찰할 횟수와 관찰 상황의 다양성을 결정할 수 없기 때문에, 귀납의 원리를 충분히 만족시킬 수 없다. 아무리 다양한 상황에서 아무리 여러 번(N) 관찰했을지라도 관찰할 상황과 그 수는 무한대(∞)이기 때문에, 실제로 관찰한 사례의 수와 관찰할 수의 비율은 언제나 0(N/∞)이다. 이런 이유로, 귀납적 추리 방법에 따라 수집한 증거들을 일반화해 도출한 결론의 진위는 결코 입증되지는 못하며, 기껏해야 통계적 용어로 진술할 수밖에 없다.

귀납적 추리 방법은 그 타당성을 정당화할 수 있는 합리적 방법이 없다는 문제도 안고 있다. 귀납적 추리 방법의 타당성은 귀납적 추리를 수차례 적용해 귀납적 일반화 과정을 통해서 정당화할 수밖에 없다. 이런 '흄의 문제'는 귀납법의 타당성을 귀납적으로 결정할 수밖에 없다는 논리적 문제로서 귀납의 문제로 불리기도 한다. 귀납의 문제에는 과거에 관한 자료를 현재의 실태에 적용할 수 없을 뿐만 아니라 과거에 수집한 자료나 현재 수집한 자료를 미래의 가설적 상황에 적용할 수도 없고, 관찰로 수집한 사실을 이론적 속성에 일반화할 수 없는 문제와 같이 귀납적 추론의 본질적 특성과 관련된 문제들이 포함된다.

과학적 방법으로 적용되는 귀납적 추리에 내재된 문제와 한계는 관찰의 이론의존성, 즉 관찰이 관찰자의 이론·선행지식·기대감에 의존하는 특성에서도 비롯한다. 과학적 법칙은 관찰을 통해 수집한 자료에 나타난 규칙성을 일반화한 진술이지만, 양성자·소립자·DNA와 같은 추상적 과학지식은 관찰을 통해 수집한 자료의 일반화가 아니다. 또한 관찰로 얻어진 자료를 귀납적으로 일반화한 과학적 법칙의 정확도, 또는 그 타당성을 다른 관찰·측정을 통해 수집한 자료를 근거로 정당화할 수도 없다. 이와 같은 문제는 관찰 자료를 이론적 속성에 일반화할 때 생기는 귀납의 문제의 원인이 되기도 한다.

3) 유비추리와 실용성

유비추리는 서로 다른 몇 가지 대상의 유사성을 근거로 비슷한 속성을 비교하는 추리로서 유추로 일컬어지기도 한다. 유비추리는 잘 알고 있는 사물이나 현상의 특성이 잘 알지 못하는 것에도 존재할 것으로 추정하는 비유적 사고다. 유비추리의 기본적 형태는 다음과 같이, 특수한 예에 관한 전제로부터 다른 특수한 예에 관한 결론을 이끌어내는 귀납적 추론의 한 유형이다.

X와 Y는 a, b, c라는 속성을 가진 점에서 유사하다.
그런데 X는 Q라는 속성을 가지고 있다.

그러므로 Y도 Q라는 속성을 가지고 있을 것이다.

X는 잘 알려진 대상을 나타내는 준거대상/상사물을, Y는 잘 알지 못하는 대상을 대표하는 비교대상을, Q는 목표로 하는 속성을 가리킨다. 의약학 분야에서 사람(X)에게 신약의 효능(Q)이 있는지 알아보기 위해 원숭이(Y)를 대상으로 수행하는 임상적 실험이 유비추리를 적용하는 방법의 좋은 예다. '화성에 물(Y)이 있는 것으로 보아 생물체(Q)가 있을지도 모른다(이 경우 물이 있는 지구가 X).'는 진술도 유추적 표현이다.

그러나 유비추리는 상세한 논증 과정에 있어서 연역적 논증뿐만 아니라 귀납적 추론과도 다르다. 논리학에서는 직유 · 은유 · 모형 등 비유의 사용을 모두 유비추리로 간주한다. 그러나 직유 · 은유 · 유비추리 · 모형이 적용되는 주제와 상황은 구분된다. 모형은 비교하는 두 대상의 관계를 가장 명시적으로 보여주며, 그다음으로 분명하게 보여주는 것이 유비추리이고, 비유는 비교적 암묵적으로 보여준다.

2. 합리주의와 연역적 추리

인식론적 주제이자 형이상학적 주제가 되는 이성주의는 사물과 자연현상의 본성에 관해 말하거나 진리를 추구할 때, 인식의 우연성과 비논리적 특성을 배제하고 이성과 논리를 숭상한다. 즉 이성주의는 이성적 사고나 논리적 타당성에 근거를 둔 사물과 자연현상에 대한 인식과 합리적 판단을 중요시한다. 이성주의는 이성론 · 합리론 · 합리주의로 불리기도 하며, 모두 사물이나 자연현상의 존재조차도 논리적 추리를 통해서 연역적으로 도출할 수 있다고 보고, 과학적 방법으로 연역적 추리 방법을 제시했다.

1) 이성주의의 형성과 발달

이성주의는 플라톤, 유클리드(Euclid, 330~275 B.C.), 아르키메데스가 가졌던 최초의 철학사상이다. 플라톤에 따르면, 자연세계는 오감을 이용한 지각을 통해 알 수 있는 현상 및 사물로 이루어진 친숙한 세계와 지성을 통해서 접근할 수 있는 진정한 형식, 곧 이데아로 구성된 추상적 세계로 구분된다. 오감으로 지각할 수 있어서 친숙해진 세계는 항상 변하는 불완전한 세계로서, 그것의 궁극적 실체인 형식이 반영된 허상에 불과하다.

고대 그리스의 전통적 이성주의가 17-18세기 데카르트, 바뤼흐 스피노자(Baruch Spinoza, 1632~1677), 고트프리트 빌헬름 라이프니츠(Gottfried Wilhelm Leifniz, 1646~1716)에 의해 그 구조가 더욱 체계화되었고 내용도 더욱 조직화되었다. 데카르트는 '모든 사건에는 반드시 원인이 있다'와 같은 선험적 관념을 본유 관념(innate idea)으로 불렀으며, 모든 것을 의심하는 데서 출발하는 방법론적 회의에 의거해서, 그리고 이성을 통해서 그런 확실한 지식을 추구했다. 스피노자는 기하학적 방법으로 철학적 명제를 증명하고자 했고, 누구보다도 이성적 논리를 중시하면서 신과 자연을 하나의 실체로 인정하는 범신론적 철학을 발전시켰다. 라이프니츠는 우주가 무수한 실체로 구성되어 있다고 보고, 최적의 세계를 창조한 신의 이성을 강조했다. 라이프니츠는 또한 이성적 논리와 수학적 사고를 철학에 적용했다.

일반적으로 이성주의는 과학지식이 형성되거나 검증되는 과정에서 이용되는 타고난 본유 관념과 더불어 수학적 계산, 논리적 추리, 일반화 또는 추상화와 같은 선험적인 이성적 능력도 중요시한다. 이성주의는 마음에 있는 선천적인 그 본유적 관념을 알 수 있는 능력이 있으며, 그런 마음을 통해서만 이해할 수 있는 법칙과 원리가 자연에 실제로 존재한다고 주장한다. 이성주의에 따르면, 그렇게 알게 된 자연의 법칙과 원리는 이성적 방법을 적용해 형성되는 진리이자 실체이며, 그런 것들로 형성된 과학지식은 절대성과 확실성을 지닌다.

칸트의 비판철학으로 이어진 이성주의는 선험론으로 불리기도 한다. 선험론으로서의 이성주의는 지식이 생득적 이성을 통해 생겨나며, 이성에 의해 정당화된다고 간주한다. 이성은 경험주의의 감각·반성·내성, 그리고 종교적 계시나 윤리학의 감정·느낌과 대비된다. 이성주의에 따르면, 선험적 지식은 인간의 마음에 타고난 관념, 또는 선험적 개념으로서 경험으로는 정당화될 수 없고, 오로지 이성을 통해서만 형성되고 검증된다.

2) 연역적 추리 방법의 특성

데카르트는 플라톤의 선험론과 관념론을 더욱 발달시킨 공리법과 연역적 추리를 과학적 방법으로 주창했다. 데카르트에 따르면, 과학지식은 몇 가지 기본 관념을 바탕으로 이루어지는 연역적 추리를 통해 발달한다. 즉 과학지식은 직관을 통해 자명한 진리를 제시하고, 그 진리보다 더 구체적인 진리를 연역하는 과정을 거쳐 발달한다. 고대 그리스 시대 때부터 적용되어 온 연역적 추리는 스피노자와 라이프니츠에 의해서 초경험적인 논리적 추리를 통해 지식을 형성하고 검증하는 과학적 방법으로 확립되었다.

과학적 방법으로 적용되는 연역적 추리 방법은 명약관화한 전제에서 결론을 이끌어내는 논리적 추리다. 연역적 논증에서는 전제들이 참이고 과정이 타당하면, 반드시 참의 결론이 도출된다. 연역적 논증에서 도출되는 결론은 전제들이 통합되어 있을 뿐, 전제 이외의 어떤 정보도 추가되지 않기 때문이다. 전형적인 연역적 논증 형식은 아리스토텔레스가 대전제·소전제·결론을 이용해 처음으로 개발했다는 삼단논법이다.

사람은 누구나 죽는다.	대전제
소크라테스는 사람이다.	소전제
그러므로 소크라테스는 죽는다.	결론

연역적 논증에서는 결론이 부정되려면 전제가 부정되거나 추리 과정이 부당해야 한다. 이런 특성 때문에, 연역적 추리는 과학지식을 정당화하는 수단으로 이용되며, 과학의 목적인 설명과 기본적 탐구 과정인 가설설정·추리·예상에도 필수적 도구다. 연역적 논증 과정은 타당성, 논리적 결과, 증명이 관련되어 있다. 연역적 논증 과정에서 전제와 결론 사이의 관계가 합당하면 그 논증이 타당하다고 말하며, 논증하는 과정을 증명이라고 한다. 연역적 논증의 결론은 맞았다거나 틀렸다고 말할 수 있을 뿐이지 확률이나 정확도로 나타낼 수 없다.

그러나 과학적 방법으로 적용되는 연역적 추리는 새로운 정보를 생성하지 못하는 문제가 내재되어 있다. 연역적 논증에서는 논증의 대전제인 일반화 명제는 물론이고 공리조차도 생성되지 않는다. 이런 특성 때문에, 연역법은 기하학과 유체역학 이외의 자연과학 영역에서는 그 가치가 충분히 실현되지 못했다. 경험주의는 이런 문제를 근거로 연역법으로는 자연의 진리를 밝힐 수 없다고 가정하고, 바로 그 점을 들어 이성주의를 반박했다. 현재는 연역적 논증의 대전제가 되는 절대적 진리로서의 공리나 공준의 특성도 비판의 대상이 되고 있다.

일반적으로 연역적 추론에서는 전제의 진위에는 관심을 두지 않지만, 그릇된 전제로부터 옳지 않은 결론이 도출될 수 있다. 특히 형식논리적 상황에서 전개되는 연역적 논증에서는 추론 과정이 타당할 경우 참의 전제에서는 반드시 참의 결론이, 허위의 전제에서는 꼭 허위의 결론이 도출된다. 그런데 과학사에는 연역적 방법을 적용해 엉뚱한 결론이 도출된 사례가 많이 나타난다. 귀금속이나 영약을 만들기 위해 적용한 연금술이 그 한 예인데, 이는 참이 아닌 전제들로부터 도출된 틀린 결론의 예시를 보여준다.

3) 이성주의의 문제와 한계

이성주의는 기하학, 유체역학, 순수수학의 발달에 특히 큰 영향을 미쳤다. 그러나 다른 자연과학 분야에는 별다른 영향을 미치지 못했거나 엉뚱한 결론에 도달하는 빌미가 되기도 했다. 이를테면 아리스토텔레스・프톨레마이오스・코페르니쿠스는 완전한 원 궤도에 관한 가정을 바탕으로 결론을 도출했는데, 그 결론이 모두 틀릴 수밖에 없었다. 갈릴레오는 사고실험을 통해 아리스토텔레스의 주장, 곧 틀린 전제를 증명해 그의 주장을 반박했다.

인식론적 사상으로서의 이성주의는 연역적 논리에 바탕을 두고 형성된 철학적 신조다. 그래서 이성주의는 과학적 방법으로서의 연역적 추리에 내재된 문제를 그대로 안고 있으며, 과학에서 실험을 통한 입증이 필요한 이유와 과학의 변화를 설명할 때 한계를 드러낸다. 갈릴레오는 그런 한계를 극복하기 위해 연역적・수학적 방법에 실험을 통합해 '실험과학의 아버지'가 되었다. 그러나 그의 방법도 확인 실험을 정당화하는 근거로나 활용된다.

3. 실증주의와 가설-연역적 추리

대다수의 과학자들과 각급 학교 과학교사들은 실증주의의 인식론적 견해를 통해서 과학지식과 과학적 방법의 본성을 인식하고 설명한다. 문제와 가설을 제시하고 변인을 통제해 가설을 검증하는 실험이 실증주의에서 말하는 과학적 방법의 전형이다. 실증주의는 비엔나 학파(The Vienna Circle)가 경험주의의 엄격한 입장을 받아들여 발달시킨 논리실증주의와 베를린 학파가 경험주의의 느슨한 입장을 바탕으로 확립해 영국과 미국에 소개한 논리경험주의로 분파되었다. 논리실증주의는 과학적 가설을 검증하는 방법으로 확증법(verification)을 제시했으며, 환원주의와 조작주의가 발달한 근원이 되었다. 논리경험주의가 이론의 검증 방법으로 제시한 입증법(confirmation)은 반증주의도 활용하는 가설-연역적 추리 방법으로 발전했다.

1) 실증주의의 형성과 발달

실증주의는 19세기 중반에 콩트가 신의 계시와 섭리나 신학적·형이상학적 주제를 거부하고, 관찰·관측·실험을 통한 검증이 가능한 지식만을 다루고자 체계화한 철학적 사조다. '실증주의'라는 용어는 사물의 특성 가운데 실제성·유용성·확실성·정확성·유기체성·상대성을 나타내기 위해 사용한 '실증적(positive)'에서 유래했다. 일반적으로 실증주의는 관찰·측정·추리에 기반해 지식을 확립하는 철학적 체계를 가리킨다. 실증주의는 인식론적 신념이자 형이상학적 신조로서 관찰이 가능한 사실과 그런 사실로 이루어진 지식만을 진짜 지식으로 보며, 그런 지식은 과학적 방법을 통해서 형성되고 검증된다고 주장한다. 콩트는 인류의 지적 능력이 초자연적 존재와 신화적 주제로 현상을 설명하는 신학적 단계, 추상적 개념과 철학적 사유로 현상을 설명하는 형이상학적 단계, 과학적 방법과 관찰·측정·실험을 통해 현상을 설명하는 실증적 단계의 세 단계를 거쳐 발전한다고 주장했다.

실증주의가 1920년대 이후에는 가설의 검증 방법과 가능성에 따라 논리실증주의와 논리경험주의로 발달했다. 모리츠 슐리크(Moritz Schlick, 1882~1936)가 주도한 비엔나 학파는 논리실증주의를, 한스 라이헨바흐(Hans Reichenbach, 1891~1953)가 이끈 베를린 학파는 논리실증주의에 뿌리를 둔 채 검증의 가능성에 관한 견해를 달리하는 논리경험주의를 발달시켰다. 논리실증주의는 경험과 논리에 지식의 기초를 두고 감각적 경험으로 검증할 수 있는 사물이나 현상, 정의의 분석, 용어들의 관계에 관한 지식만이 믿을 만하다고 설명하는 검증가능성의 원리를 제시했다. 루돌프 카르납(Rudolf Carnap, 1891~1970), 루트비히 비트겐슈타인(Ludwig Wittgenstein, 1889~1951), 오토 노이라트(Otto Neurath, 1882~1945) 등이 지지한 논리실증주의는 경험주의의 엄격한 입장을 택해 흄과 콩트의 경험주의를 발달시키는 과정에서 형성되었으며, 경험을 지식의 유일한 출처로 본다. 특히 노이라트를 중심으로 한 논리실증주의는 과학지식을 하나의 체계로 통합한 통일과학을 체계화하고자 시도했다. 또한 논리실증주의는 확실한 지식을 생성하는 탐구의 방법과 이미 확립된 지식에만 관심을 가지고, 확실하고 절대적인 검증을 설명하는 확증설을 제시했다. 일치법 또는 대응법으로 일컬어지기도 하는 확증설을 적용한 과학실험에서는 그 결과가 가설을 지지할 경우 '그 가설이 맞다.'는 결론을 내리며, 지지하지 않는 경우에는 그 가설을 그냥 버린다. 1930년대에는 영국의 앨프리드 줄스 에이어(Alfred Jules Ayer, 1910~1989)가 논리실증주의를 논리경험주의와 분명하게 구분하지 않은 채 영어권에 소개했다.

칼 구스타프 헴펠(Carl Gustav Hempel, 1905~1997)의 사상이 통합된 논리경험주의는 경험주의와 논리를 통합한 관점을 통해 과학지식을 이해하려는 철학적 사조로서, 경험적 명제나 분석적 명제, 또는 사실적 의미나 형식적 의미만을 믿을 만한 지식이라고 강조한다. 경험적 명제와 사실적 의미는 감각적 지각과 지각을 이용하는 과학적 방법을 통해 검증되며, 분석적 명제와 형식적 의미는 논리적 추리 과정을 통해서 확립되어 기호로 기술되는데, 이 두 가지 방법으로 검증할 수 없는 형이상학적 · 윤리적 · 종교적 명제와 진술은 무의미하다는 가정에서다. 논리경험주의는 경험주의의 온건한 입장인 귀납적 경험주의와 베이컨 경험주의를 차례대로 받아들여 과학적 법칙을 결정적으로 입증할 수 없다고 보고, 확률적 검증을 의미하는 입증설을 제시한다. 가설-연역적 과정으로 이루어진 입증설은 실험의 결과가 가설을 지지할 때, '가설이 맞을 확률이 그만큼 더 높아졌다.'는 결론을 내린다.

실증주의는 경험주의에서 생겨났기 때문에, 경험주의의 문제와 한계를 그대로 안고 있다. 실증주의도 과학적 법칙을 확증하지 못하는 문제를 안고 있다. 아무리 다양한 상황에서 실시한 수많은 실험의 결과가 과학적 법칙을 지지한다고 할지라도 그 법칙이 입증된 정도는 0(n÷∞=0)이다. 실증주의는 이론적 용어가 의미를 갖게 되는 과정을 설명할 때도 문제를 드러낸다. 현미경으로 관찰해 얻은 결과가 법칙을 부정할 때, 그 법칙이 틀렸는지, 아니면 현미경이 조잡해서 그런 결과가 나왔는지 판단할 방법이 없다. 후자의 문제는 전자 · 온도 · 엔트로피 · 유전자와 같이 육안으로 관찰할 수 없는 개념의 검증과 관련된 한계다. 과학지식에 관해 논리실증주의는 검증을 거쳐 진리로 입증된 사실이 계속 쌓여서, 논리경험주의는 어느 정도 타당한 것으로 입증된 사실들이 누적되어서 발달한다고 설명한다. 이런 설명은 과학의 발달에 관한 누가적 모형의 기반이 되며. 가설-연역적 추리 방법의 근간이 된다.

2) 조작주의와 조작적 정의

논리실증주의의 일부 학파는 조작주의로 발달했다. 미국의 물리학자 퍼시 윌리엄스 브리지만(Percy W. Bridgman, 1882~1961)은 논리실증주의의 극단적 신조를 수용해 조작주의를 주창하고, 의미의 단위로 명제보다 개념을 더 선호한다. 조작주의는 어떤 개념은 그것을 측정하는 방법을 통해서만 그 의미를 찾을 수 있다고 가정하고, 그 추상적 개념을 설명하거나 응용할 때는 그것을 적용하는 조작적 기능으로 정의할 것을 강조한다. 추상적 개념을 관찰이 가능한 용어, 즉 조작으로 진술하는 원리를 대응률이라고 한다. 대응률에 따라서 실험 상황에 맞게 적용된 방법으로 정의되는 조작적 정의는 사전적 정의와 다르다.

과학적 연구에서는 구인(construct)이나 조절변인을 포함해 정의할 필요가 있는 용어는 대응률에 따라 조작적으로 정의한다. 특히 직접 관찰하거나 측정할 수 없는, 또는 과학적 이론이 가리키는 개념적 실체에 관한 과학적 연구의 논문에서는 그 개념을 관찰 방법이나 측정 방법 그리고 가시적인 용어를 사용해 조작적으로 정의해 기술한다. 이를테면 생명과학 연구에서 제기되는 문제 또는 가설에 '식물의 생장'이 반응(종속)변인으로 포함되어 있다면, '식물의 생장은 식물에 마지막까지 달린 모든 잎의 수다.'와 같이 정의한다. 식물의 생장은 잎의 수, 키, 전체 무게, 개화 시기, 꽃의 수 등으로 나타낼 수 있기 때문이다.

3) 환원주의와 과학의 통일

환원주의는 카르납이 표명한 논리실증주의 견해와 토마스 어니스트 네이글(Ernest Nagel, 1901～1985)이 드러낸 실증주의 신조에서 유래되었다. 환원주의는 모든 자연현상을 기본적인 하나의 원리나 요인으로 설명하려 노력하는 과학철학적 경향이자, 관찰이 불가능한 이론적 개념이나 법칙을 관찰이 가능한 경험적 명제의 집합으로 바꾸어 놓고자 노력한 실증주의의 한 신조다. 환원주의는 특히 논리실증주의의 극단적 입장에 이론적 배경을 두어 확립된 인식론의 한 지류이자, 심리철학의 한 학파다.

일반적인 의미의 환원주의에 따르면, 추상적이고 가설적인 이론은 구체적이고 경험적인 개념으로 환원될 수 있다. '환원된다'는 말은 추상적 이론을 구체적 개념으로 기술·설명한다는 것을 의미한다. 환원이라는 말에는 관찰할 수 없는 과학적 이론이나 과학 명제를 관찰할 수 있는 구체적인 과학적 개념으로 치환한다는 의미, 또는 정신적 상태를 궁극적으로 물리적 상태로 기술할 수 있다는 의미가 내포되어 있다.

과학지식은 가장 포괄적인 구성요소들로 나누고, 그 구성요소들을 한 단계 더 하위적인 구성요소로 분해해 그 하위적 구성요소들을 통해서 이해할 수 있다. 심리학 현상은 생명과학 법칙과 이론을 통해서, 생명과학 현상 및 법칙과 이론은 물리학・화학 법칙과 이론을 통해서 이해할 수 있다. 또한 유전현상은 유전자에 관한 지식을 이용해서, 유전자와 관련된 현상은 원자에 관한 이론을 통해서, 결국 유전현상은 원자에 관한 이론을 통해서 이해할 수 있다. 환원주의적 지식의 통합을 설명하는 통섭이론에서는 생명과학의 속성을 물리학・화학 속성의 종합으로, 심리학을 생명과학의 종합으로 규정한다.

환원주의는 설명 방식에 따라 존재론적 환원주의, 인식론적 환원주의, 방법론적 환원주의로 분류된다. 이 세 가지 환원주의는 각각 구성환원주의, 이론환원주의, 설명환원주의로 일컬어지기도 한다. 또한 인식론적 환원주의와 방법론적 환원주의는 각각 법칙적 환원주의와 서술적 환원주의로 일컬어지는데, 환원주의의 유형과 각 유형의 특성은 다음과 같다.

- **존재론적(구성) 환원주의:** 생물과 무생물은 모두 동일한 원자로 구성되어 있다.
- **인식론적(이론, 법칙적) 환원주의:** 생명과학 법칙은 물리학・화

학 법칙의 한 예다.

- **방법론적(설명, 서술적) 환원주의:** DNA는 당·염기·인산을 분석하여 설명할 수 있다.

대다수의 생명과학자들은 세 가지 환원주의 가운데 존재론적 환원주의의 타당성만 인정한다. 생기론·생성주의(emergentism)·유기체론은 환원주의와 견해를 달리한다. 생기론은 생명과학 법칙을 반드시 물리학·화학 법칙으로 환원시킬 수는 없다고 보며, 생성주의는 생물물리학·생화학·분자생명과학 등 통합과학 또는 학제적 과학만이 물리학·화학으로 환원되는 현상을 나타낼 수 있다고 주장한다. 유기체론은 기능이 구성요소와 그 조직에 의해 결정되기 때문에, 생물의 기능은 그 구성요소만으로 설명할 수 없다고 역설한다.

관찰이 이론에 의존하는 특성도 환원주의 주장의 타당성을 부정하는 근거가 된다. 추상적이고 가설적인 이론은 구체적이고 경험적인 과학적 개념으로 설명할 수 있다는 환원주의의 신조는 관찰이 객관적이며, 또한 관찰을 통해서 얻어진 자료에 관한 진술과 그와 관련된 이론을 분명하게 구분할 수 있다고 가정할 때 타당성을 지닌다. 그러나 후실증주의를 비롯한 현대의 과학철학에 따르면, 관찰은 이론에 의존하며 그런 특성 때문에 관찰의 결과에 대한 진술과 이론적 설명을 명백하게 구분할 수 없다.

환원주의에 따르면, 모든 과학을 통일과학이라는 한 분야로 통합할 필요도 있다. 자연과학의 모든 분야는 물리학이라는 하나의 학문으로 통합될 수 있다. 학교에서는 〈과학탐구 실험 1, 2〉,

STEAM 같은 통합과학이나 융합과학도 다루어야 한다. 그러나 과학을 통일·통합·융합·통섭할 때는 창발성(emergence)과 상승효과(synergism)의 문제를 유의해야 한다. 또한 심리학과 물리학과 같이 관계가 먼 분야를 통합·융합·통섭할 때는 범주의 오류를 범하지 않도록 특별히 주의해야 한다.

4) 가설-연역적 추리

반귀납주의에 따르면, 귀납적 논증은 가설을 제시하고, 그 가설을 바탕으로 잠정적 결론을 도출하며, 관찰과 경험을 통해 그 결론의 진위를 검증하는 과정을 통해 이루어진다. 윌리엄 휴얼(William Whewell, 1794~1866)을 중심으로 한 논리경험주의와 반증주의자들은 반귀납주의의 주장을 고려해, 그리고 오스트리아의 물리학자 에른스트 마하(Ernst Mach, 1838～1916)의 실증주의와 영국의 수학자·철학자 러셀의 기호논리학을 결합해, 가설-연역적 추리 방법을 과학적 방법으로 제시했다. 다음 절차가 보여주듯이, 가설-연역적 추리 방법은 귀납적 추리 절차와 연역적 추리 절차로 구성되어 있다.

- **일반화 진술(귀납적 과정) 제시-관찰 사실 및 문제의 제기**: 관찰한 사실(또는 현상)을 일반화하여 진술한다. 예) 구리에는 전기가 통한다.
- **초기조건(실험 상황)의 설정**: 실험을 수행할 조건을 제시한다. 예) 이 전선은 구리로 만들어져 있으며, 전기 회로에 적절하게 연결되어 있다.

- **예상 진술 또는 검증 가설의 제시(연역적 과정)**: 초기조건에 따라 검증할 가설을 일반화 진술에서 도출한다. 예) 이 (구리) 전선에는 전기가 흐를 것이다.
- **가설 검증(가설의 수용 또는 기각)–관찰·측정·실험**: 실험으로 수집한 자료를 근거로 가설을 검증한다. 예) 실제로 전기가 흐르면 '이 구리 전선에는 전기가 흐를 것이다.'라는 가설을 수용한다.
- **결론도출 및 일반화 진술**: 검증된 가설을 결론으로 도출하고 그 결론을 일반화한다. 예) 구리 전선에는 전기가 잘 흐른다.

과학적 연구나 탐구에 적용되는 가설-연역적 추리 방법은 귀납적 방법의 단점과 연역적 방법의 단점을 해소하도록 구성되어 있을 뿐만 아니라, 귀납적 방법의 장점과 연역적 방법의 장점이 충분히 반영되도록 구성되어 있다. 가설-연역적 추리 방법으로 직접 검증하는 것은 예상 진술이지만, 검증의 궁극적 대상은 일반화 진술이다. 연역적 추리에서는 전제를 참으로 가정하지만, 가설-연역적 추리는 전제의 진위를 의심하는 데서 출발한다. 귀납적 추리에서는 가설을 내세우지 않고 일반화를 도출하지만, 가설-연역적 추리에서는 기존의 일반화로부터 가설을 설정하고 그 가설을 검증하는 절차에 따라 수행된다.

그러나 가설-연역적 추리 방법의 문제와 한계는 그것의 논리적 특성에서 비롯한다. 가설-연역적 추리 방법은 과학과 과학적 활동의 논리적·합리적 특성을 강조할 뿐이지 심리학적·사회학적 측면은 소홀히 다룬다. 이런 특성 때문에, 과학적 연구에서 적용하는 가설-연역적 추리 방법은 상상력과 호기심이 과학지식의 형성 및 발달에 미치는 영향을 경시하며, 최초에 가설이 어떻게 설정되었는지를 분명하게 보여주지 못하는 한계도 있다. 가설-연역적 추리 방법은 무엇보다도 가설을 설정할 필요가 없는 실태조사에는 적용할 수 없으며, 검증할 수 없는 보조가설과 대안가설이 제기되는 상황에는 적용할 수 없다.

가설-연역적 추리 방법은 자연현상을 잘 설명하는 가설을 도출하는 과정에는 효과적이지만, 귀납적 추리 방법과 연역적 추리 방법에 내재되어 있는 문제를 완전히 해소하지 못하고 일부 안고 있다. 과학적 연구에서 적용하는 가설-연역적 추리 방법은 체계적이고 논리적인 과정을 따르지만, 연역적 추리처럼 가설의 검증을 통해서 과학지식을 확립하는 단계보다 기존 이론의 검증이나 과학지식의 정당화 단계에서 더 효과적이다. 그러나 가설-연역적 추리는 정당화 단계에 적용될지라도 귀납적 일반화와 관련된 문제와 아울러 과학지식에 필요한 새로운 정보가 산출되지 않는 연역적 추리의 한계가 드러난다.

4. 반증주의와 귀추적 추리

반증주의는 경험주의, 이성주의, 실증주의를 모두 부정한다. 반증주의는 과학지식이 귀납적 추리나 연역적 추리를 통해서만 구성되지는 않으며, 확증법이나 입증법으로도 검증할 수 없다고 주장한다. 과학적 진리는 결코 확증되거나 입증되지 않고, 오로지 그 반증만이 가능하다고 보는 신념이다. 반증가능성은 과학적 이론 ·

가설·명제를 판단하고 과학과 비과학을 구분하는 준거로 이용되며, 가설-연역적 방법의 이론적 근거로 활용되기도 한다.

1) 반증주의의 형성과 특성

포퍼는 반증주의의 의미와 특성을 자세하게 기술했다. 포퍼는 추측과 반증에 관한 인식론을 체계화하기 위해 반증법을 과학적 방법론으로 정리한 것이다. 반증주의는 경험주의와 귀납법, 합리주의와 연역법, 논리실증주의와 확증설, 논리경험주의와 입증설의 타당성과 적절성을 모두 부정하고, 과학의 목적이 객관적 진리의 추구에 있다고 가정하면서, 과학은 오로지 추측과 그것을 반증하는 반복적 과정을 통해 발달한다고 주장했다.

반증주의의 주장에 따르면, 과학적 이론은 결코 증명될 수 없고, 다만 그 반증만 가능하다. 반증주의는 또한 과학지식이 객관적이고 절대적인 근거를 바탕으로 형성된다고 주장하는 전통적 과학철학의 사상과 견해를 부정한다. 아인슈타인은 1916년 일반상대성이론을 발표할 때 자신의 이론을 반박하는 단 하나의 반증 사례만이라도 제시되면 일반상대성 이론을 버리겠다고 공언했다. 포퍼는 아인슈타인의 이런 주장을 받아들여, 반증될 수 있는 가능성을 과학적 이론을 수용하거나 거부하는 기준으로 적용할 수 있다고 더욱 굳게 확신했다.

포퍼는 과학의 핵심을 과학적 이론이나 가설의 검증이 아니라 반증에 두었다. 포퍼에 따르면, 과학적 이론은 자연을 설명하기 위해, 또는 기존 이론이 해결하지 못했던 문제를 해결하기 위해 구성한 사색적·잠정적 가설이며, 그 참가치는 절대적으로 확증되지도 않고 개연적으로도 입증되지 않으며, 오직 반증될 뿐이다. 과학적 이론은 반드시 반증되며, 실험의 결과에 의해서 지지되지 않으면 그 즉시 폐기되고 다른 이론으로 교체된다. 과학지식은 기존 이론이 반증되고 직관적 추리를 통해 새 이론이 제시되는 반복적 과정을 통해 궁극적 진리, 곧 진상을 향해 진보한다.

반증주의는 실증주의에서 후실증주의로 변하는 과도기 과정에 있었던 과학철학이다. 포퍼는 실증주의와 마찬가지로 형이상학적 명제를 무의미한 명제로 받아들이지만, 과학지식이 변화되거나 발달하는 과정에 대해서는 실증주의와 견해를 달리한다. 포퍼는 관찰을 통한 이론 검증의 부당성과 이론의 반증가능성을 주장해 경험주의와 실증주의의 입장을 일부 견지하면서, 과학적 이론의 가설적 특성과 과학지식의 잠정적 속성을 인정한다.

2) 반증주의와 반증가능성

포퍼는 비판적 합리주의를 강조하면서 과학지식이란 반드시 비판과 반증을 통해 발전한다고 주장하고, 반증가능성을 준거로 적용해 과학과 유사과학을 구분한다. 포퍼에 따르면, '정사각형의 네 각은 모두 90°다.'라는 기하학적 명제는 반증이 불가능한 동의어 반복으로서 과학적 진술이 아니다. 포퍼는 관찰로 수집된 자료를 이용해서는 반증할 수 없다는 이유로 점성술, 지그문트 프로이트(Sigmund Freud, 1856～1939)의 정신분석학, 칼 마르크스(Karl H. Marx, 1818～1883)의 역사학을 모두 비과학적 학문으로 분류한다. 반증주의는 과학지식이 반복적 추측과 반박에 의한 반증을 통해 발달한다고 본다. 그러나 모든 과학적 이론이 반증되지 않으며 복잡한 이론일수록 반증하기는 더욱 어렵다.

반증주의에 따르면, 반증될 가능성이 높을수록 과학적이고 좋은 이론이다. '모든 행성은 타원 모양의 궤도를 따라 태양 주위를 공전한다.'는 이론이 '금성은 타원 모양의 궤도를 따라 태양 주위를 공전한다.'는 이론보다 더 과학적이며, 더 좋은 이론이다. 앞의 이론이 뒤의 이론보다 더 일반적이고 반증될 가능성도 더 높다. 후자의 이론이 반증되면 전자의 이론은 당연히 반증되지만, 그 역은 꼭 성립되지 않는다. 화성・수성・목성을 관찰해 얻어진 결과가 전자의 이론을 부정한다고 해서 금성의 공전설을 기각할 이유는 없다. 반증주의의 가설-연역적 방법을 적용해 가설을 기각하는 결과가 나오면 '그 가설이 틀렸다'는 결론을 내리고, 지지하는 결과는 '그 가설이 반증에 실패했다'고 결론짓는다.

3) 과학적 방법으로서의 귀추적 추리 방법

특정한 관찰을 통해 얻어진 사실에 대한 최선의 설명을 입증하기 위해 적용하는 과학적 방법인 귀추법은 미국의 실용주의자 찰스 퍼스(Charles S. Peirce, 1839~1914)가 이름을 붙인 용어다. 노우드 핸슨(Norwood R. Hanson, 1924~1967)은 과학사를 분석해 과학이 발달해 온 과정을 귀추적 추리로 설명하고, 귀추적 추리가 과학적 방법으로 적용된 사례를 제시했다. 귀추적 추리는 비상례적 관찰 사실을 가장 잘 설명하는 가설을 도출하는 최선의 설명 추론으로서 설명적 귀납, 또는 이론적 귀납으로 일컬어지기도 한다. 귀추적 추리는 과학적 발견이 일반명제의 형식으로 진술된 가설이 아니라 특정한 관찰 사실에서 출발하기 때문에, 역행추리로 인식되기도 한다.

귀추적 추리는 관찰 사실의 원인이 된 가설을 추론하는 가설적 추리로서 가설-연역적 추리와 그 과정이 비슷하다고 해서 가설추리법 또는 가추법으로 불리기도 한다. 귀추적 추리에서는 설명될 관찰 현상이 먼저 제시되고 그 현상을 설명하는 가설이 나중에 제시된다. 귀추적 추리 방법은 〈표 3−2〉에서도 볼 수 있듯이, 관찰을 통해 수집한 사실적 증거를 바탕으로 가설 형식의 일반화를 이끌어내는 귀납적 추리 방법과 대조되며, 일반화로 진술된 가설에서 관찰할 현상을 예상해 가설로 제시하는 연역적 추리 방법과 대비된다. 귀추적 추리는 발견의 논리라는 점에서 정당화의 논리로 받아들여지는 가설-연역적 추리와도 구분된다.

귀추적 추리에서는 관찰 증거, 곧 설명할 관찰 사실이 먼저 제시되고, 그 관찰 증거(관찰 사실)를 가장 잘 설명하는 가설은 그다음 단계에서 제시된다. 귀추적 추리 방법의 핵심은 결론이 아니라 바로 그 '최선의 설명 추론'이다. 귀추적 추리 방법이 과학지식의 발달에 공헌하는 측면도 귀납적 추리 방법의 결론이나 연역적 추리 방법의 결론과 달리 '최선의 설명 추론'이다. 다음 실례에서도 볼 수 있듯이, 귀추적 추리에서 도출된 결론은 최선의 추론을 지지하는 하나의 증거일 뿐으로서, 기존의 과학지식 체계에 더해질 수 있는 진술은 못 된다.

철수가 기침을 한다.
만일 철수가 감기에 걸리면, 기침을 할 것이다.

따라서 철수가 감기에 걸린 것 같다.

“만일 철수가 감기에 걸리면, 기침을 할 것이다.”는 “철수가 기침을 한다.”와 같은 현상을 여러 번 관찰하고, 그 원인에 대한 설명으로 제시한 가설이다. “따라서 철수가 감기에 걸린 것 같다.”는 “만일 철수가 감기에 걸리면, 기침을 할 것이다.”는 가설인 ‘최선의 설명’을 지지하는 증거의 하나일 뿐이다. 귀추법을 타당한 논증법으로 적용하기 위해서는, “만일 철수가 감기에 걸리면, 기침을 할 것이다.”보다 “철수가 감기에 걸리면, 기침을 한다.”와 같은 설명의 형식으로, 그리고 “따라서 철수가 감기에 걸린 것 같다.”보다 “철수가 감기에 걸려 있다.”와 같이 논증의 전제 형식으로 기술해야 더 실제적이다.

4) 반증주의의 문제와 한계

반증주의가 극복해야 할 본질적 문제도 관찰의 이론의존성에서 비롯된다. 관찰의 결과가 관찰자의 기대감이나 이론적 지식에 따라 다르게 진술되기 때문에, 이론 또는 보조가설의 진위를 검증할 때 반증된 것이 그 이론 또는 보조가설인지, 아니면 다른 어떤 매개변인인지 확인할 방법이 없다. 어떤 유전자가 존재하는 염색체 상의 위치를 확인하기 위해 전자현미경을 통해 관찰했으나 그 유전자를 찾지 못했을 경우, 유전자에 대한 가설이 옳지 않은 것인지, 그게 아니면 전자현미경의 한계 때문인지 확인할 방법이 없다.

반증주의에는 임시변통적 가설 때문에 생기는 문제도 내재되어 있다. 임시변통적 가설은 입증할 수도 반증할 수도 없는 가설이다. 갈릴레오는 자신이 만든 망원경을 통해 달에 산과 골짜기가 있다는 사실을 발견하고 그에 따라 천상계의 완전한 구와 원을 가정하는 아리스토텔레스의 우주관을 부정했다. 그러나 아리스토텔레스의 우주관을 지지하는 자연철학자들은 달의 주위가 눈에 보이지 않고 확인할 수도 없는 에테르로 채워져 있어서 달은 완전한 구를 이룬다는 검증할 수 없는 가정으로 자신들의 주장을 정당화했다.

5. 반논리실증주의와 본체의 존재 논증

실증주의는 관찰과 경험에 기반한 과학적 방법을 제시해 과학적 연구의 범위를 관찰·측정할 수 있는 주제와 대상에 한정해 형이상학적 문제나 초자연적 속성을 배제한다. 실증주의와 대조적으로 실재론(realism)은 인식과 지각의 대상은 인간의 의식이나 주관에 독립적으로 존재한다고 보고, 그런 관찰할 수 없는 대상과 존재도 객관적으로 탐구할 수 있다고 설명한다. 실재론은 대상의 존재와 본체를 탐구하는 방식보다 대상에 관심을 쏟는다.

실재론은 과학적 연구 대상의 본체에 대한 관점에 따라 과학적·이성적·비판적 실재론, 또는 형이상학적·의미론적·인식론적 실재론으로 나뉜다. 그러나 과학적·이성적·비판적 실재론과 형이상학적·의미론적·인식론적 실재론은 서로 배타적이지 않다.

과학적 실재론과 비판적 실재론이 각각 형이상학적·의미론적·인식론적 실재론으로 나뉘기도 한다. 이 절에는 실재론에 이어 과학적 실재론과 비판적 실재론에 관해 알아본다.

1) 실재론의 정의와 대두 배경

철학적 실재론은 세계가 인간의 인식과 독립적으로 존재한다고 주장하는 철학적 사조다. 실재론에 따르면, 만물은 인간의 의식과 독립적으로 존재하는 객관적 본체/실재이기 때문에, 인간의 마음과 사고로 환원할 수 없다. 즉 만물의 냄새·색·맛·모양 등 감각하거나 경험한 것은 그대로 실재이지, 정신적으로 파악해 이해한 관념적인 것이 아니다. 지각과 경험을 통해 획득한 과학지식의 지시체는 지각·경험한 것 또는 도구를 사용해 측정한 것 자체로 외부에 객관적으로 존재하는 본체로서 그 존재가 관찰·경험·측정의 영향을 받지 않는다.

실재론은 고대 그리스 시대 자연철학에 기원이 있으며, 중세와 근대를 거치면서 다양한 유형으로 발전했다. 플라톤은 이데아론에서 본체는 영원불변하는 이데아 세계에 존재한다는 관념론적 실재론을 주창했다. 그와 달리, 아리스토텔레스는 사물이 재료와 그 재료에 내재한 형상이 결합해 이루어진다고 보고, 그 결합체를 본체라고 가정한 형이상학적/본체론적·인식론적 실재론을 주장했다. 플라톤이 초월적 이데아/형상을 사물에 본디 고유한 본체라고 주장한 것과 대조적으로, 아리스토텔레스는 모든 사물이 그에 고유한 목적/형상을 지니고 있다는 목적론적 본체관을 제시함과 동시에 개별 사물을 본체의 단위로 간주했다.

중세의 실재론은 보편자(universals)와 개별자(particulars) 문제를 중심으로, 유명론(nominalism)과 대립하는 과정을 통해 발전했다. 중세의 실재론은 보편자가 실제로 존재한다고 가정하고 사물의 본체는 보편자에 의해 규정된다고 주장했으나, 존재하는 방식에 관한 견해는 다양했다. 중세의 실재론은 또한 보편자가 독립적으로 존재한다고 주장한 플라톤과 보편자가 개별자 안에 존재한다고 강조한 아리스토텔레스의 사상을 그리스도교 신학과 결합해 재해석했다. 안셀무스(Anselmus, 1033~1109)는 "신은 완전한 존재"라는 논증 과정에서 보편자 개념이 신의 정신에 존재한다고 주장해 보편자의 실재성과 신성을 암시했다. 토마스 아퀴나스(Thomas Aquinas, 1224~1274)는 보편자가 사물 안에 존재하지만 이성적 추상을 통해서만 인식할 수 있다고 주장해 이성의 중요성을 강조했다. 윌리엄 오컴(William of Ockham, 1287~1347)은 보편자가 인간의 정신에만 존재하는 단어에 불과하며 실제로는 존재하지 않고, 개별자만 실재한다고 주장해 아리스토텔레스와 유명론의 중간적 입장을 취했다. 이처럼 중세의 실재론은 이성과 신앙이 통합된 새로운 철학적 사조를 이루었다.

근대의 실재론도 세계가 인식 주체와 독립적으로 존재한다고 확신하며, 과학적 이론이 지시하는 대상의 본체가 객관적으로 존재한다고 가정하고 이론으로 그 본성과 속성을 설명할 수 있다고 주장했다. 근대의 실재론은 데카르트, 홉스, 로크, 칸트 등에 의한 주체와 객체, 또는 인식의 한계에 관한 논의를 통해서 중세의 실재론과 다른 새로운 내용과 구조의 실재론으로 발전했다. 데카르트는 외부 세계의 객관적 존재를 부정하지 않고, 그 본체의 이해에 인식이 핵심적 역할을 한다고 주장했다. 홉스는 물질 세계의 본체에 주된 관심을 가지고, 그에 대한 이해에 인간의 경험과 인식이 필수적이라고 주장했다. 로크는 사물의 성질을 객관적 속성을 표현하는 크기·모양·질량·형태 등 제1성질과 주관적 속성을 나타내는 색깔·냄새·맛 등 제2성질로 구분하고, 인간은 사물의 본체 자체가 아니라 그에 관한 관념을 인식한다고 주장하는 표상적 실재론(representative realism)을 제시했다. 칸트는 물자체(物自體)는 인식할 수 없고 현상을 통해 세계의 본체를 간접적 방식으로 이해할 수 있다고 설명하는 경험적 실재론, 곧 일종의 비판적 실재론의 입장을 표명했다.

현대 실재론은 인식 중심의 사고를 초월해 세계의 사물이나 객체의 고유한 존재와 그 가치를 중요시한다는 점에서 특히 중세의 실재론과 구별된다. 현대 실재론은 신본위 세계관을 바탕으로 세계가 인식과 독립적으로 실재한다고 주장하는 중세 실재론을 재해석하고 확장해, 과학적 실재론, 비판적 실재론 등과 같이 더욱 세분화되거나 새로운 접근법으로 발전했다. 현대 실재론은 대부분 세계의 본체가 실제로 존재하는지 아니면 인식 또는 언어에 지나지 않는지에 관한 객관성 대 구성성의 문제, 블랙홀과 같은 과학적 이론의 지시체가 실제로 존재하는지의 여부를 규명하지 못하는 과학의 한계, 도덕적·윤리적 진리도 실재하는가에 관한 윤리적 실재론을 포함해 인간의 인식과 무관한 본체 곧 실재의 존재에 관한 주제를 중심으로 탐색한다.

철학적 실재론이 과학적 실재론에서는 형이상학적 실재론과 인식론적 실재론으로 발전했다. 형이상학적 실재론은 세계와 사물의 객관적·독립적 존재를 따지며, 인식론적 실재론은 본체의 존재에 대한 인식의 방법과 한계를 탐구한다. 그러나 형이상학적 실재론은 보이지 않는 본체의 존재를 증명할 방법이 없는 문제를 안고 있으며, 인식론적 실재론은 언어나 관측·실험 기술 등 인식의 도구가 본체를 포착할 수 없는 한계가 있다.

과학사에서는 철학적 실재론을 형성된 시점에 따라 플라톤/아리스토텔레스 실재론, 지각 실재론(perceptual realism), 과학적 실재론으로 대별한다. 그러나 플라톤/아리스토텔레스 실재론은 보편자 또는 본체가 시공간을 초월해 존재한다고 인정했지만, 유명론과 개념론에 의해 거부되었다. 지각 실재론은 물질적 본체가 지각과 독립적으로 시공간에 존재한다고 주장했는데, 지각 관념론, 흄의 회의론, 칸트의 선험적 관념론에 의해 부정되었다. 과학적 실재론은 에른스트 마흐(Ernst Mach, 1838～1916)가 주창한 도구주의에 의해 거부되었다.

2) 과학적 실재론

과학적 실재론(scientific realism)은 논리실증주의에 대한 비판에서 비롯되었다. 피에르 모리스 마리 뒤앙(Pierre Maurice Marie Duhem, 1861~1816)과 윌러드 밴 오먼 콰인(Willard Van Orman Quine, 1908~2000)은 뒤앙-콰인 명제를 통해 과학적 가설은 하나 이상의 배경적 가설이 포함되어 있으며 관찰의 이론의존적 특성 때문에 완벽하게 검증할 수 없다고 주장했다. 그러나 롬 하레(Rom

Harré, 1927~2019)는 관찰한 현상의 가능한 설명으로 상상해 설정한 이론적 속성이 실제인지 확인할 수 있다고 주장했다. 한편 형이상학적 실재론에는 관찰불가능한 본체의 존재를 확증할 방법이 없는 문제가 내재되어 있다.

과학적 실재론은 이론 과학에 관한 관점이며, 핵심적 요소는 사실성(verisimilitude) 또는 진리근사성(truth approximation)이다. 과학적 실재론에 따르면, 과학적 이론이 기술하는 원자 · 중력 · 시간 등 관찰할 수 없는 이론적 용어의 대상은 실제로 존재하며, 그것을 표현하고 설명하는 이론은 절대적 진리는 아니지만 실재에 가까워진 진술이다. 이 말은 과학적 이론이 세계를 있는 그대로 진술한다는 뜻을 나타내기도 한다. 과학적 실재론의 주창자 가운데 한 사람 리처드 보이드(Richard Boyd, 1942~2021)는 과학적 실재론을 다음과 같은 네 가지 주제를 구체화하는 학설(doctrine)이라고 기술한다. 경험주의는 첫째와 둘째 주제를 부정하면서 셋째 주제를 수용하며, 쿤을 포함한 구성주의는 앞의 세 주제를 수용하면서 넷째 주제는 부정한다.

- 과학적 이론의 진술에 포함된 이론적 용어, 곧 관찰할 수 없는 대상을 가리키는 용어는 실제적으로 해석해야 할 추정적 표현이다.
- 실제적으로 해석한 과학적 이론은 확증될 수 있으며, 실제로 일반적인 방법론적 기준에 일치하는 해석된 과학적 증거에 의해 참의 근사치로 자주 확증되었다.
- 성숙된 과학은 과학사적으로 진전될수록 관찰하거나 관찰할 수 없는 현상에 대한 참에 가까워진다. 곧 그 이론은 나중에 기존

이론에 구현된 지식에 누적된다.

- 과학적 이론이 기술하는 실재는 사고 또는 이론적 배경에 독립적이다.

과학적 실재론은 과학적 탐구의 대상이 과학자 및 그의 활동과 독립적으로 존재하며 작용한다고 주장한다. 특히 근대 이후의 과학적 실재론은 본래 보편자 이론과 지각 이론에 따른 것이다. 당대의 실재론자들은 겉으로 보이는 현상의 이면에 존재하는 본체를 조사할 수 있다고 보고, 그 결과를 상상의 구조가 아니라 실재라고 주장했다. 그러나 과학적 실재론의 이런 주장은 경험적으로 입증할 수 없는 문제가 내재되어 있다. 과학자가 탐구하는 이론의 지시체가 이론이 기술하고 있는 그대로 존재하는지 확실하게 확인할 방법이 없기 때문이다.

특별히 인식론적 실재론에 따르면, 과학적 이론은 참 또는 거의 참이며, 관찰자와 객관적 존재를 옳게 또는 그 존재에 더욱 가깝게 표현한다. 이를테면 중력은 인간의 관측 여부와 상관없이 우주에 실제로 존재하는 힘으로 볼 수 있다. 대표적인 과학적 실재론자 힐러리 화이트홀 퍼트넘(Hilary Whitehall Putnam, 1926~2016)은 기적 논증(miracle argument)을 통해 성공한 과학적 이론은 참이라고 주장한다. 실재론을 포용하지 않는 과학철학자라면 어느 누구나 과학의 성공을 기적으로 간주할 수밖에 없다는 주장이다. 역으로 말하자면 과학적 성공을 기적으로 인식하지 않기 위해서는 과학적 실재론을 참으로 인정해야 한다는 생각이다.

3) 비판적 실재론

비판적 실재론(critical realism)은 로이 바스카(Roy Bhaskar, 1944~2014)가 창시한 철학적 사조로서, 객관적 현상을 강조하면서 자연현상 및 사회현상에 대한 깊은 이해를 위한 탐구의 존재론적 기초가 되었다. 논리실증주의가 과학적 탐구 방법으로 중요시한 실험은 자연현상의 기제에 적용할 때만 의미 있다고 주장해 과학과 사회과학의 방법론을 실증주의와 다르게 재구성했다. 결과적으로 비판적 실재론은 형이상학적 실재론과 인식론적 실재론이 통합된 종합적 실재론이 되었으며, 현재 선험적 실재론(transcendental realism)과 비판적 자연주의(critical naturalism)도 통합되어 사회과학의 방법론적 기틀이 되었다.

사회과학과 신학에서 방법론으로 활용하고 있는 비판적 실재론은 중층적(重層的) 실재론(stratified reality)으로서, 본체를 경험적(empirical) 중층, 실제적(actual) 중층, 본질적(real) 중층으로 구분한다. 환경오염에 관한 경험적 중층은 미세먼지, co 농도 등 관찰·측정한 오염의 지표와 자료를, 실제적 중층은 환경오염의 현상과 사건 자체를, 본질적 중층은 환경오염의 과학기술적·경제적·사회적 원인, 즉 인과적 기제를 말한다. 비판적 실재론에 따른 과학의 목적은 인과적 기제의 발견에 있는데, 이는 자연현상의 규칙성을 표현하는 과학적 법칙의 발견에 목적이 있는 실증주의가 추구하는 과학의 목적과 뚜렷하게 구분된다.

바스카는 흄·칸트·포퍼 등의 경험적 실재론과 쿤·파이어아벤트(Paul Karl Feyerabend, 1924~1994) 등의 초관념주의적인 개념적 실재론을 비판하고, 그런 비판적 관점에 의거해 선험적 실재론, 곧 비판적 실재론을 주창했다. 바스카에 따르면, 흄의 경험적 실재론은 과학적 설명 또는 법칙의 필요조건도 충분조건도 되지 않는다. 과학은 아리스토텔레스 실재론과 로크의 실재론이 수정되는 오류가 많은 변증적 과정을 통해 발달하기 때문이다. 경험적 실재론은 인간 중심적 존재론이 관련되어 있으나, 실제적인 것이든 이론적인 것이든 작업으로서의 과학적 연구와 그 활동을 경시한다. 선험적/비판적 실재론은 경험주의와 이성주의에 대한 대안으로서 이른바 비칸트주의적 대안으로 이용된다.

비판적 실재론은 논리실증주의 접근법을 초월해 존재론적 실재론, 인식론적 상대주의, 판단적 합리성의 세 가지 원칙으로 구성되어 있다. 비판적 실재론은 먼저 세계가 인식과 별도로 존재한다고 주장한다. 자연현상뿐만 아니라 과학적 이론도 존재론적 실재론을 구체적으로 설명한다. 이를테면 아르키메데스 원리는 인식과 관계없이 작용하며, 원자론이 지시하는 중성자는 원자의 구성요소로 존재하며 과학적 연구를 통해 그 존재가 입증되었다. 비판적 실재론에 따르면, 인식은 사회적·문화적 배경, 사전 지식 등의 영향을 받으며, 그래서 세계의 본체는 상대적이기 때문에 다양한 관점에서 그리고 다양한 방법으로 연구되어야 한다.

6. 후실증주의와 사회적 합의

과학철학에서는 토마스 쿤(Thomas S. Kuhn, 1922~1996), 임레 라카토스(Imre Lakatos, 1922~1974), 래리 라우든(Larry Laudan,

1941~2022)을 후실증주의자 또는 현대 과학철학자로 부른다. 실재론자 입장에 있는 실증주의자와 달리, 쿤·라카토스·라우든은 관념론 및 상대주의 관점에서 각각 격변적 모형, 진화적 모형, 점진적 모형으로 과학지식의 발달 과정을 설명한다. 이들의 과학철학 사상과 신념은 실증주의나 반증주의를 완전히 부정하지는 않고 비판하면서 두 사상이 안고 있는 본질적 문제를 해결하고 그 적용상의 한계를 보완하거나 극복하려는 과정에서 생겨났다. 현대 과학철학/후실증주의는 개별적 탐구자의 편견을 배제하려는 실증주의와 달리, 사회적 검증을 통한 집단적 객관성을 추구한다. 후실증주의는 완전한 객관성이나 절대적 진리의 추구는 불가능하지만 비판적 논의와 합리적 검증을 통해 절대적 진리에 접근할 수 있다고 설명하는 구성주의의 기원이 되었다.

1) 쿤의 패러다임과 과학혁명

쿤은 과학사를 분석해 과학적 이론이 과학적 연구의 핵심적 구성요소 가운데 하나임을 확인했다. 그는 또한 과학적 연구로 발견된 과학적 사실이 누적되어 과학지식이 변하고, 그에 따라 자연세계에 관한 진리가 밝혀진다고 주장하는 경험주의를 부정했다. 그는 과학의 여러 가지 구성요소들이 서로 독립적으로 기능을 발휘하는 것이 아니라 총체적 조직체로 운영된다고 가정하고, 그 총체적 조직체를 패러다임(paradigm)이라고 부른다.

패러다임은 연구와 관련이 있는 이론·가정·방법·도구로 이루어진 조직적 체계, 즉 당시의 사회가 받아들이는 실체론적·방법론적·개념적 체계로서 연구의 전통을 이룬다. 패러다임은 또한 과학의 구조적·기능적 총체로서 과학적 연구의 지침이 되며, 과학적 문제를 해결하는 방법과 그 방향을 제시한다. 뉴턴의 역학, 아인슈타인의 상대론, 화학의 원자 개념, 전자기학, 생명과학의 진화론, 지동설이 패러다임이다. 패러다임은 이론과 아울러 연구 방법과 기능도 통합되어 있기 때문에, 과학적 이론만으로 취급되지 않는다.

쿤의 패러다임 이론에 따르면, 과학적 연구는 논리적 추리 과정보다 토론과 합의 과정에 의존해 수행된다. 과학은 기존의 패러다임에 따라 분화·발달되고, 그 패러다임이 한계에 다다르면 토론을 통해 새로운 패러다임으로 교체되는 단계를 거쳐 발달한다. 과학은 그렇게 패러다임의 격변적 변화를 통해 발달해 왔으며, 그래서 사회적 특성을 띤다. 이런 설명 때문에, 쿤은 과학의 사회성과 과학지식의 격변적 변화를 주장한 과학철학자로 알려졌다.

그러나 과학사는 모든 과학이 쿤의 주장대로만 발달하지 않았음을 보여준다. 분류학이나 암석학과 같이 주로 개념들과 개념 체계로 이루어진 기술적(記述的) 과학 분야는 법칙이나 이론보다 그 개념들과 개념 체계가 변함에 따라 발달하였다. 기술적 과학 분야가 발달되어 온 과정은 패러다임의 교체로 설명되지 않는다.

쿤 자신이 수십 가지 의미로 기술했듯이, 패러다임의 의미가 애매하고 다양하며, 그 변화에 대한 설명도 분명하지 않다. 쿤은 이론의 선택과 그에 따른 패러다임의 변화를 비합리적 과정으로 설명하는데, 라카토스는 그 설명을 소탕심리학(mop psychology)으로 부른다. 쿤은 과학적 이론을 선택하는 기준으로 이론의 정확성·

일관성 · 일반성 · 단순성 · 실효성을 제시하지만, 그럼에도 불구하고 쿤은 비합리주의자로 받아들여진다.

패러다임은 개념적 안경의 역할을 한다. 과학자들은 각자의 패러다임을 통해 세계를 보고 그 의미를 파악하기 때문에, 다른 사람과 동일한 현상이나 사물을 볼지라도 서로 다른 세계를 인식한다. 갈릴레오는 절대론적 세계를 보았지만, 아인슈타인은 상대론적 세계를 보았다. 천동설 관점에서는 '해가 동쪽에서 떠서 서쪽으로 진다.'고 해석하지만, 지동설 관점에서는 '지구가 서쪽에서 동쪽으로 자전한다.'고 말해야 더 합당하다.

경쟁패러다임을 비교할 때 적용할 공통적 기준을 설정하기가 쉽지 않다. 과학자들과 그들이 속해 있는 과학사회가 기존의 패러다임을 버리고 양립불가능한 새로운 대안적 패러다임을 받아들이기 위해서는 그들에게 커다란 형태 변화가 일어나야 한다. 그런 과정을 통해 이루어지는 패러다임의 교체는 일반사회에서 일어나는 종교적 개종이나 정치적 혁명과 같은 사상적 대전환을 가져오며, 그래서 패러다임의 교체는 '과학혁명'으로 일컬어진다.

과학은 퇴보하거나 정체되지 않고 항상 변화되고 진보해 왔다. 과학은 패러다임의 정교화와 수수께끼 풀이, 과학혁명을 통해서 발달해 왔다. 지난 2000여 년의 과학사를 보아서도 알 수 있듯이, 과학은 정상과학 단계에서 패러다임이 정교화되거나 과학 문제를 해결함으로써 진보할 뿐만 아니라 새로 교체된 패러다임이 새로운 의문과 관찰의 기술 또는 실험의 기술과 같은 문제의 해결을 위한 새로운 기술과 방법을 제시함으로써 발달해 왔다.

쿤은 과학의 본성을 분석하기 위한 도구로 논리 대신에 과학사를 이용했다. 과학사를 분석해서 확립한 쿤의 과학혁명 이론에 따르면, 과학지식은 과학사회 구성원들 사이의 토론과 합의로 형성·변화·발달하며, 따라서 사회적 특성을 띤다. 한편 과학은 '전과학 → 패러다임의 등장 → 정상과학 → 과학의 위기 → 과학혁명 → 새로운 정상과학 → 새로운 과학의 위기……'와 같이 끝이 열린 비논리적 과정에 따라 변화되고 발달한다.

2) 라카토스의 연구프로그램과 과학의 분화

라카토스는 과학이 과학적 이론이 아니라 개념틀이 변해 발달한다고 가정하고, 반증론의 문제점을 극복해 쿤의 과학혁명 이론에 통합시키기 위해 연구프로그램 이론을 제안했다. 연구프로그램 이론은 과학의 본성과 과학이 발달하는 과정을 포퍼의 반증법뿐만 아니라 쿤의 패러다임 변화와도 다른 의미로 설명한다. 라카토스는 과학적 이론이 몇 번의 실험을 통해서는 쉽게 반증되지 않는다고 주장함으로써 포퍼와도 견해를 달리한다. 라카토스는 또한 과학의 본질과 과학의 발달 및 변화에 대한 분석 단위로 쿤이 제시한 패러다임 대신에 연구프로그램을 강조해 쿤이 제안한 설명체계의 구조와 방식에 관해 다른 견해를 나타낸다.

라카토스는 아무리 여러 번 실험을 반복해 부정적 자료를 많이 수집하더라도 과학적 이론을 확증하거나 입증할 수는 없지만 단 한 번의 결정적 실험만으로도 반증할 수 있다고 주장하는 포퍼와 달리, 진화적 모형에 따라 과학의 발달을 설명한다. 라카토스는 몇 번의 실험을 통해서 이론의 보조가설을 수정·보완할 수는 있지만, 한 번의 실험으로 이론의 견고한 핵을 새로운 것으로 교체하거나 이론 자체를 반증할 수는 없다고 주장한다. 실험의 결과에 따라 견고한 핵을 부정하는 것은 연구프로그램을 버리는 것과 같다는 생각에서다.

라카토스는 부정적 발견법의 부제로 '연구프로그램의 견고한 핵'을, 긍정적 발견법의 부제로 '보호대(protective belt)의 구성과 이론과학의 상대적 자율성'을 붙였다. 과학철학에서는 보통 견고한 핵(hard core)을 부정적 발견법으로, 보호대를 긍정적 발견법으로 다룬다. 라카토스는 발견법(heuristic)을 문제해결 장치로, 부정적 발견법을 연구에서 피해야 할 길로, 그리고 긍정적 발견법을 연구에서 추구해야 할 길로 규정한다.

연구프로그램의 견고한 핵은 그에 관한 기본적 가정 또는 기초적 원리들로 이루어져 있으며, 연구프로그램의 정의적 특성을 나타낸다. 코페르니쿠스의 천문학에서 '지구를 포함한 모든 행성이 태양을 중심으로 공전하며, 지구는 그 축을 중심으로 자전한다.'는 가정이 연구프로그램의 견고한 핵이다. 견고한 핵은 연구프로그램의 전통을 따르는 지지자들이 가지고 있는 인식론적 견해나 방법론적 판단으로는 반증되지 않는다. 견고한 핵은 또한 보조가설이 더해지거나 보호대가 수정되는 과정에 있는 한 결코 부정되거나 기각되지 않는다.

보호대는 견고한 핵을 보조하는 보조가설과 이론의 특성을 구체화하는 초기조건 및 관찰의 대상에 대한 가정들로 구성되어 있다. 프톨레마이오스가 행성들의 원운동을 설명하기 위해 제안한 주전원, 이심원, 행성과 지구 사이의 거리에 관한 가정들이 보호대다. 지구와 행성의 자전 속도 및 공전 속도, 지구와 행성 사이의 거리 등 지동설에서 전제하는 가정도 보호대다. 보호대는 관찰의 결과에 따라 수정되거나 보완되어 견고한 핵이 반증될 가능성을 줄이거나 반증되지 않도록 보호한다. 천문학자들은 관측으로 얻은 결과가 코페르니쿠스의 우주관이 예상한 사실과 일치하지 않을 때 보호대를 이루는 주전원 및 대원(deferent) 또는 이심원의 수와 크기, 태양과 지구 사이의 거리, 공전 속도와 자전 속도에 관한 가정들을 조절하거나 바꾸어 다시 관측할 사실을 예상할 뿐이며 태양을 중심으로 한 지구와 행성들의 공전과 자전 등 지동설의 핵심적 내용, 곧 견고한 핵은 그대로 유지한다.

부정적 발견법은 견고한 핵에 관한 후건부정을 금한다. 부정적 발견법은 견고한 핵의 기초적 원리를 부정하거나 의심해서는 안 된다는 관례로서, 견고한 핵과 일치하지 않는 한두 가지 자료를 근거로 견고한 핵을 기각해서는 안 된다는 것을 명시하는 규정이다. '연구프로그램의 견고한 핵은 언제나 수정하지 말고 원래의 상태로 유지해야 한다.'는 규정이 부정적 발견법의 전형적 진술이다. '일식의 시각과 장소에 관한 예상이 조금 빗나갔다고 해서 지동설을 부정해서는 안 된다.'가 부정적 발견법이다.

긍정적 발견법은 보조가설을 구성하는 방법, 연구의 지침, 그리고 견고한 핵이 자연현상을 설명하고 예측할 수 있도록 보조가설을 수정・보완하는 방법을 제시한다. 긍정적 발견법은 보호대를 변화시키고, 발달시키며, 수정하는 방법에 대한 제안과 암시로 구성되어 있다. 코페르니쿠스의 우주관이 처음 제시되었을 때 이심원의 운동을 계산하기 위한 수학적 기술과 우주의 관측을 위한 제반 기술에 대한 제안, 관찰하거나 측정하는 과정에서 사용되는 도구의 이론적 배경에 대한 규정이 긍정적 발견법이다.

라카토스가 과학의 발달 과정을 설명하기 위해 구안한 연구프로그램은 전진적이지 않으면 퇴행적이다. 전진적 연구프로그램은 기존의 연구프로그램에 포함되어 있는 내용과 아울러 다른 내용도 포함하며, 기존의 연구프로그램이 해결하지 못했던 문제도 해결하고, 새로운 문제나 사실을 예상하는 연구프로그램이다. 퇴행적 연구프로그램은 기존의 연구프로그램에 포함된 내용과 문제해결 방법을 유지한 채 더 이상 진전되지 않는 연구프로그램이다. 윌리엄 프라우트(William Prout, 1785~1850)는 모든 원소의 원자량이 수소 원자량의 정수배라고 주장했으나 수소 원자량의 35.5배 되는 Cl(염소)은 그의 주장이 퇴행적임을 보여주었다.

3) 라우든의 연구전통과 과학의 점진적 발달

라우든은 쿤의 패러다임과 라카토스의 연구프로그램을 기반으로, 그러나 두 이론이 안고 있는 문제와 한계를 보완하기 위해 연구전통 이론을 제안했다. 라우든은 과학이 진화적으로나 격변적으로 발달하지 않은 사례를 보여주는 과학사, 관찰의 이론의존성, 상대주의 인식론을 근거로 과학이 변화되거나 발달해 온 과정을 점진적 모형으로 설명한다. 라우든에 따르면, 과학은 과학의 이론·목적·방법이 서로 독립적으로 교체되어 발달한다. 경우에 따라서는, 과학의 이론·목적·방법 가운데 두세 가지가 동시에 변하거나 새로운 것으로 교체되지만, 대개 개별적으로 바뀐다. 천동설에서 지동설로 바뀐 과정이 격변적 변화인 것처럼 보이지만, 실제로는 그 세 가지 요인이 서로 다른 시점에서 독립적으로 바뀐 결과일 뿐이다.

점진적 모형은 과학이, 격변적 모형에 따른 설명과 마찬가지로, 그러나 누가적 모형이나 진화적 모형을 이용한 설명과는 다르게, 어떤 절대적 진리에 접근하면서 발달해 오지는 않았다고 설명한다. 방법이 이론을 정당화하지 못하거나 목적의 달성에 적절하지 않다고 판단될 때, 과학사회는 세 가지 요소 가운데에서 몇 개를 더 효율적인 것으로 대체해 이용한다. 라우든은 이론·방법·목적 가운데 몇 개가 더 좋은 것으로 바뀌었다고 해서, 새로운 연구전통을 그 전의 연구전통보다 더 효과적인 설명체계로 받아들일 수는 없다고 주장한다.

라우든은 과학을 문제해결 체제 또는 문제와 이론 사이의 상호작용으로 규정하고, 그 규정에 따라 연구전통을 구성했다. 연구전통은 이론, 탐구의 영역에 대한 신념과 탐구의 방법론적 규준, 이론의 검증 방법, 자료의 수집 방법에 관한 규준으로 구성된다. 라우든은 연구전통의 실례로 다윈의 진화설, 양자설, 빛의 전자파이론을 제시한다. 연구전통은 이론과 인식론적·형이상학적·방법론적 속성에 대한 가정이 그 골격을 이루기 때문에, 한두 가지의 감각적 자료 또는 논리적 자료에 의해 쉽게 반증되지 않는다.

연구전통은 쿤의 패러다임 및 라카토스의 연구프로그램과 비슷한 특성뿐만 아니라 고유한 속성도 띠고 있다. 연구전통은 패러다임과 마찬가지로 형이상학적·방법론적 요소로 구성되며, 연구프로그램과 마찬가지로 장기간에 걸쳐 변하고 발달한다. 그러나 연구전통은 패러다임이 과학적 연구에서 하는 사회적 기능이나 교육적 역할을 경시하며, 연구프로그램과 달리 이론만으로 구성되지 않고, 연구프로그램에 비하여 더 느슨하게 조직되어 있다. 연구전통에 비해 패러다임과 연구프로그램은 둘 다 과학의 발달을 설명하기에는 지나치게 전체론적인 특성도 지닌다. 패러다임의 교체는 급격하고 전체적이어서 전환 상태나 계속성을 드러내지 않는다. 연구프로그램도 궁극적으로는 견고한 핵을 부정함으로써 전체 연구프로그램을 부정해야 하는 전체적 특성을 지닌다. 그러나 연구전통은 부분적으로만 바뀐다.

연구전통은 스스로 경험적 문제도 생성하는데, 그 문제는 이론을 수정하거나 대체함으로써 해결된다. 이때 이론은 연구전통을 규정하는 형이상학과 방법론을 벗어나지 않는 범위에서 수정되거나 보완된다. 코페르니쿠스는 완전한 원운동과 이심원에 따라서, 케플러는 타원을 이용하여, 뉴턴은 섭동을 가정하여 태양을 중심으로 움직이는 행성의 공전 운동을 설명했다. 이들의 설명은 모두 '모든 행성은 태양을 중심으로 공전한다.'는 지동설을 유지했다. 이처럼 연구전통의 내용과 방법은 서로 독립적으로 변한다.

연구전통에 내재되어 있는 문제와 그것을 적용할 때 드러나는 한계는 과학의 목적 및 합리성과 관련되어 있다. 라우든은 과학의 목적이 과학과 관련된 문제의 해결에 있다고 본다. 그러나 이 주장은 단지 역사적 관점에서, 또는 과학의 영역 밖에서 보고 해석한 견해에 지나지 않는다. 과학은 라우든의 주장과 달리, 인류가 당면한 모든 문제를 해결할 수 있는 이상적 방법과 수단을 제공하지 못한다. 연구전통은 문제를 확인하고, 그 문제를 해결한 연구전통을 결정할 객관적 방법을 제공하지 못하는 한계도 지닌다. 연구전통도 패러다임과 마찬가지로 개념적 안경의 역할을 하기 때문이다. 또한 연구전통은 그 본성이 명확하게 정의되어 있지 않고, 그래서 확고한 설명체계가 되지 못하는 문제도 안고 있다.

4) 구성주의와 사회적 합의를 통한 과학지식의 구성

구성주의는 과학에 관심을 가진 사회학자들이 1970년대까지는 과학사회학에 쏟았던 인식론적 관심을 1980년대부터는 과학지식사회학으로 돌리는 자극제 역할을 했다. 구성주의는 사회적 구성주의와 급진적 구성주의로 대별된다. 사회적 구성주의는 레프 비고츠키(Lev Vygotsky, 1896~1934)에게서 비롯한 인지론으로서, 과학지식이 다양한 사람·문화·사회·언어 사이의 상호작용을 통해서 구성·발달한다고 설명한다. 급진적 구성주의는 에른스트 폰 글라저스펠트(Ernst von Galsersfeld, 1917~2010)가 개발한 심리학 이론으로서, 과학지식은 과학자에 의해 만들어지는 것이지 발견되는 것이 아니라고 주장한다.

현대의 과학은 철학적 특성과 사회적 특성을 함께 지닌다. 과학이 적어도 과학지식, 과학적 방법, 과학자의 세 가지 구성요소로 이루어져 있기 때문에 나타나는 특성이다. 과학지식과 과학적 방법의 본질은 과학철학의 대상이며, 과학자가 과학적 방법을 적용해 과학지식을 형성하고 검증하는 과정은 과학사회학 또는 과학지식사회학의 대상이다. 과학과 과학지식의 사회적 특성 그리고 과학적 활동의 사회적 특성은 과학자가 개인적으로나 사적으로 과학지식을 획득하는 것이 아니라, 과학자가 소속한 사회의 관계망 안에서, 또는 위계적으로 제도화된 과학과 관련된 조직체 안에서 토론 중심의 사회적 합의를 통해 구성하는 데서도 비롯한다.

5) 과학사회학과 과학지식사회학

과학사회학자 머튼은 과학규범으로 공유성, 보편성, 무사심, 독창, 조직적 회의를 제시한다. 과학의 가치라는 이 규범은 다섯 가지의 두문자어 CUDOS, 또는 머튼의 과학규범으로 일컬어진다. 이 규범은 과학적 양심 또는 과학적 태도로 볼 수 있는 과학의 기풍으로 통합된다. 과학학으로 불리기도 하는 과학사회학에서는 과학지식이 사회적 협상을 통해 생긴다고 주장하며, 과학지식의 생성에 영향을 미치는 사회적 제도, 가치, 문화에 관심을 집중한다. 과학사회학에서는 과학적 법칙 · 이론 · 실험 · 관찰 · 논증 · 검증을 과학논리의 대상으로 본다.

과학지식사회학자들은 과학과 과학지식의 사회적 특성을 강조하는 구성주의의 자극을 받아서, 과학사회학자들이 과학과 과학기술을 너무 사소하게 다룬다고 비난했다. 과학지식사회학은 사유와 지식을 사회적 맥락에서 연구하는 사회학의 한 영역으로서 지식을 사유의 한 형태로 본다. 과학지식사회학은 영국의 사회학자 데이비드 블로어(David Bloor, 1942~)가 1976년에 주창했는데, 카를 만하임(Karl Mannheim, 1893～1947) · 쿤 · 라카토스 · 라우든의 이론도 (과학)지식사회학으로 볼 수 있다. 만하임은 지식의 출처가 되는 추리를 버리고 신념의 사회적 원인을 추구하여 사회적 과정을 통해 형성되는 과학지식의 객관성을 부정했다. 만하임의 주장을 수용한 과학지식사회학은 지식을 전통적 과학철학에서 정의한 '정당화된 참된 신념' 대신 '사회가 진리로 믿고 수용하는 것(정당화 가능성과 관계없이)'으로 규정한다.

과학지식은 과학자들과 과학사회의 합의를 통해 구성된다고 설명하는 과학사회학 · 과학지식사회학 · 구성주의는 과학지식이 자연에서 발견되는 진리가 아니라는 뜻도 함축한다. 새로운 패러다임이 선택되면, 패러다임을 구성한 이론도 새로운 이론으로 바뀐다. 원자 모형이 '돌턴 → 톰슨 → 러더퍼드 → 보어 → 슈레딩거의 전자구름 모형'과 같이 바뀌어 온 과정이 그 한 예다. 과학지식이 절대적 진리라면, 과학지식은 새로운 과학지식이 쌓여 발달해야 한다. 그러나 과학지식은 새로운 증거가 나타나면 그 즉시 버려지는 잠정적 가정일 뿐이다.

7. 과학지식의 검증과 진리의 판단

명제의 진술, 또는 과학지식의 진위를 평가하는 준거는 인식론적 관점에 따라 달라진다. 명제의 참 또는 거짓, 진리의 본성을 따지는 철학적 분야를 진리론(theory of truth)이라고 한다. 인식론에서는 지식의 평가 준거, 즉 이른바 진리 이론으로 일치설 · 정합설 · 실용설 · 확증설 · 입증설 · 반증설을 제시했으며, 후실증주의에서는 이 범주에 사회적 합의를 추가했다. 일치설 · 정합설 · 실용설 · 확증설 · 입증설 · 반증설은 각각 경험주의 · 이성주의 · 실용주의 · 논리실증주의 · 논리경험주의 · 반증주의가 지지하는 진리설이며, 사회적 합의는 후실증주의, 특히 사회적 구성주의와 과학사회학 및 과학지식사회학 이론에 함의된 진리설이다.

1) 일치설

일치설(correspondence theory)은 사물의 객관적 존재와 그 실체를 추구하는 실재론에 이론적 배경이 있다. 일치설은 사실과 상황에 일치하는 진술만을 진리로 인정하는 논리학 · 형이상학 · 인식론의 주제다. 참은 인간의 지성과 사물에 일치하는 것이라고 설명하는 아퀴나스의 진리론은 물론이고, 아리스토텔레스 · 러셀 · 비트겐슈타인의 신조도 일치설에 부합된다. '부산에서는 물이 99℃에서 끓는다.'는 진술을 부산의 한 해변에서 실제로 물을 끓여보고, 그 결과에 따라 '그렇다.'고 확인하는 사례가 좋은 예다. 대응설로 불리기도 하는 일치설은 경험적 진술의 검증에 적용하며, 역사적 진술, 가정적 진술, 규범적 진술, 논리학적 명제나 수학 명제와 같은 비경험적 진술에는 적용되지 않는다.

2) 정합설

명제나 진술의 진위를 이미 검증된 명제나 진술에 의거해 확인할 수 있다고 설명하는 정합설(coherence theory)은 라이프니츠 · 스피노자 · 헤겔을 비롯한 관념론자들이 지지했다. 관념론에서는 한 명제가 다른 명제와 일치할 때, 비교하는 명제가 비교되는 명제에 대해 정합적이라고 말한다. 갈릴레오의 지구관이 지동설과 일치하기 때문에, 갈릴레오의 지구관은 지동설에 정합적이다. 과학적 법칙에 따라서는 그것을 설명하는 과학적 이론과의 정합적 관계를 이용한 검증이 실제적이다. 수학과 논리학 진술은 정합적 관계를 적용하는 방법을 통해서 그 참과 거짓을 판단한다. 그러나 정합설은 과학적 진술의 진위를 확인하기 위해 그 진술과 관련된 모든 진술에 정합되는지를 확인해야 하는 문제를 안고 있다.

3) 실용설

실용설(pragmatic theory)의 이론적 배경은 실용주의와 공리주의에 있다. 실용설은 진리를 주관적 속성으로 보고 과정철학의 주장대로 변화 자체를 본체로 가정하며, 지식의 참가치를 실효성, 또는 유용성에 따라 판단한다. 퍼스 · 윌리엄 제임스(William James, 1842~1910) · 존 듀이(John Dewey, 1859~1952) · 클래런스 어빙 루이스(Clarence Irving Lewis, 1883~1964)가 주장하는 실용설에 따르면, 과학적 문제를 효과적으로 해결하기 위해 이용하는 과학지식과 일상생활에서 널리 활용하는 과학지식은 가르치고 배워야 할 가치가 있는 것이다.

4) 실증론과 반증론

확증 · 입증 · 반증은 각각 논리실증주의, 논리경험주의, 반증주의에서 제시한 진술의 진위를 검증하는 방법이다. 논리실증주의는 진술의 진위를 절대적으로 검증할 수 있다고 보며, 논리경험주의는 진술을 기껏해야 확률적으로 검증할 수 있다고 주장한다. 반증주의는 진술의 진리를 절대적으로 입증할 수 없으며, 확률적으로 확증할 수도 없고, 오로지 반증만이 가능하다고 주장한다. 이런 방법론적 신념과 논리적 특성 때문에, 과학실험에서 가설을 지지하는 결과가 나왔을 때, 논리실증주의는 '그 가설이 맞다.'고 단정하고, 논리경험주의는 '그 가설이 맞을 확률이 높아졌다.'고 말하며, 반증주의는 '그 가설이 반증에 실패했다.'는 결론을 내린다. 논리경험주의의 확증법과 반증주의의 반증법은 가설-연역적 방법의 원형으로 인정된다.

5) 사회적 합의

사회적 합의(theory of social consensus) 이론은 사회적 구성주의에서 특히 중요시한 진리론으로서, 진리가 사회적 토론을 통한 사회적 합의에 의해 결정된다고 설명한다. 사회적 합의 이론에 따르면, 자연세계에 대한 진리가 객관적 실재나 개인의 주관적 경험을 통해서 확인되는 것이 아니라 토론과 합의 중심의 사회적 상호작용을 통해 구성된다. 양자역학에 대한 코펜하겐 해석[1]이 나오게 된 과정이 사회적 합의에 의해 과학적 이론을 구성하는 상황의 대표적 사례다. 한편 후실증주의는 상대주의에 기반한 인식론으로서, 사회적으로 구성된 진리는 절대적인 것이 아니며, 특정한 사회·문화·시대에 한정된 진리라고 가정한다.

---

1) 양자역학의 여러 해석 가운데 가장 대표적이고 널리 알려진 해석으로서, 1925~1929년 코펜하겐 대학교에서 닐스 보어와 베르너 하이젠베르크 등 물리학자들이 제안한 수학적 공리들을 총칭한다.

생각 정리하기

1. 경험주의에 관한 다음 주제를 생각해 보시오.
   1) 경험주의의 기원 및 오늘날까지 발달되어 온 과정
   2) 경험주의에 함의된 과학지식의 속성
   3) 경험주의가 제시한 과학적 방법의 특성과 한계

2. 합리주의에 관한 다음 주제를 생각해 보시오.
   1) 합리주의의 기원 및 오늘날까지 발달되어 온 과정
   2) 합리주의에 함의된 과학지식의 속성
   3) 합리주의가 제시한 과학적 방법의 특성과 한계

3. 실증주의에 관한 다음 주제를 생각해 보시오.
   1) 실증주의의 기원 및 오늘날까지 발달되어 온 과정
   2) 실증주의에 함의된 과학지식의 속성
   3) 실증주의가 제시한 과학적 방법의 유형과 그 특성 및 한계

4. 반증주의에 관한 다음 주제를 생각해 보시오.
   1) 반증주의의 대두 배경과 기원
   2) 반증주의에 함의된 과학지식의 발달 과정
   3) 반증주의가 제시한 과학적 방법의 특성과 한계

5. 실재론에 관한 다음 주제를 생각해 보시오.
   1) 실재론의 기원 및 오늘날까지 발달되어 온 과정
   2) 과학적 실재론의 대두 배경과 적용 분야 및 문제
   3) 비판적 실재론의 대두 배경과 적용 분야 및 한계

6. 후실증주의에 관한 다음 주제를 생각해 보시오.
   1) 쿤이 제시한 과학의 발달 모형과 그에 따른 과학적 방법
   2) 라카토스가 제시한 과학의 발달 모형과 그에 따른 과학적 방법
   3) 라우든이 제시한 과학의 발달 모형과 그에 따른 과학적 방법
   4) 구성주의가 제시한 과학의 발달 모형과 그에 따른 과학적 방법
   5) 과학사회학과 과학지식사회학에서 제시한 과학의 발달 모형과 그에 따른 과학적 방법

7. 과학지식의 검증과 진리의 판단에 관한 다음 주제를 생각해 보시오.
   1) 일치설의 방법과 실례
   2) 정합설의 방법과 실례
   3) 실용설의 방법과 실례
   4) 실증론과 반증론의 방법과 실례
   5) 사회적 합의의 방법과 실례

생각 나누기

1. 과학적 실재론과 비판적 실재론의 방법론적 · 존재론적 차이를 대조하고 적용할 수 있는 학문적 영역 또는 주제에 관해 토의하시오.

2. 경험주의 · 합리주의 · 실증주의를 기반으로 일상생활과 관련된 문제나 사회적 논쟁거리를 해결한 방법과 과정을 발표하고, 각각 적용하기 적절한 상황을 정리하시오.

제4장

과학적 방법과 과학지식

과학철학에서는 과학의 핵심적 구성요소로 과학적 방법과 과학지식을 들며, 과학적 방법론에서는 과학의 본성을 과학적 방법과 과학적 탐구 과정과 활동으로 기술한다. 과학적 방법과 탐구 과정을 적용해 과학지식을 검증하고 구성하는 방법과 과정의 근간은 과학적 사고다. 이 장에서는 과학적 사고, 과학적 방법, 과학적 탐구, 과학지식의 구성요소에 관해 살펴본다.

1. 과학적 사고와 사고실험

사고는 학문 분야에 따라 다양한 범주로 분류된다. 심리학과 과학교육학에서 중요시하는 과학적 사고는 과학실험과 과학적 방법을 적용할 때 이용되는 핵심적 사변으로서, 과학적 탐구와 과학적 연구의 기본적 수단이다. 과학적 사고는 논리적 사고가 그 골격을 이루는 비판적 사고의 한 유형으로서, 기호적 사고와 발산적 사고 및 상징적 사고와 구분된다. 과학적 사고에는 논리적 사고와 비판적 사고뿐만 아니라 비논리적 사고도 포함한다. 〈표 4−1〉은

김영정과 서원주의 논문[2] 「비판적 사고, 논리적 사고, 창의적 사고」에 제시된 사고의 범주와 유형들인데, 비논리적 사고로서 과학적 연구에 필수적인 직관적 사고가 빠져 있다.

〈표 4-1〉 사고의 범주

<table>
<tr><th colspan="7">←수리성 예술성→</th></tr>
<tr><th rowspan="3">기호적 사고</th><th colspan="4">비판적 사고</th><th rowspan="3">발산적 사고</th><th rowspan="3">상징적 사고</th></tr>
<tr><th rowspan="2">분석적 사고</th><th rowspan="2">추론적 사고</th><th colspan="2">변증적 사고</th></tr>
<tr><th>종합적 사고</th><th>대안적 사고</th></tr>
<tr><td>형식
논리
순수
수학</td><td>개념적
분석
text 분석</td><td>분석적
추론: 연역
종합적
추론: 귀납</td><td>가설 추리
의사결정
상황 추리
민감성</td><td>관점/발상
전환
대안 창안
시야/시계
확장
시각/지평
전환
재정의</td><td>유창성
융통성
독창성
정교성</td><td>문학적
사고
예술적
사고
음악적
사고</td></tr>
<tr><td colspan="4">표준적 의미의 논리적 사고</td><td colspan="3">표준적 의미의 창의적 사고</td></tr>
<tr><td colspan="5">넓은 의미의 논리적 사고: 수렴적 창의성</td><td colspan="2">좁은 의미의 창의적 사고: 발산적 창의성</td></tr>
<tr><td colspan="3">좁은 의미의 논리적 사고</td><td colspan="4">넓은 의미의 창의적 사고</td></tr>
</table>

〈표 4-1〉에서 기호적(formal symbolic) 사고는 수학적 사고와 형식논리적 사고와 같이 순수한 논리성과 수리성을 띠는 수렴적 사고를 말하며, 상징적(material symbolic) 사고는 문학적 · 예술적 · 음악적 사고와 같이 추상적 속성을 구체적이고 감각적인 형태로

2) 서울대학교 철학사상연구소(2004). 철학사상, 별책 제4권.

표현하는 발산적 사고를 가리킨다. 비판적 사고는 특정한 소재를 바탕으로 한 논리적·수학적 사고를 뜻하며, 특별히 자연세계를 바탕으로 하는 비판적 사고를 과학적 사고라고 한다. 발산적 사고는 창의적 사고의 핵심적 사고로서, 결과의 명확성에 있어서 논리적 사고와 구분된다. 창의력을 구성하는 사고 능력에는 발산적으로 사고할 수 있는 능력과 직관적 사고 능력을 포함해 상징적으로 사고할 수 있는 능력이 포함된다.

1) 논리적 사고와 비판적 사고

논리적 사고는 귀납적·연역적·귀추적·비유적 추리의 골간이 되는 형식과학적 사고의 한 유형이다. 논리적 사고는 논증 과정의 타당성과 결론의 진위에만 관심을 가지는 탈내용적 사고다. "A=B이고, B=C이면, A=C이다."는 논증에서, 전제의 진위는 논리적 사고의 대상이 아니다. A, B, C는 어느 상황이나 어떤 내용일 수도 있다. 형식논리적 추리에서는 A=B, B=C와 같은 전제에서 결론 A=C를 도출하는 논증 과정의 타당성만 분석할 뿐이지, 추론의 골격이 된 전제들의 진위는 상관하지 않는다.

수학적 사고도 지각적 경험을 통해 수집한 자료를 이용하지 않는 순수한 사고로서 형식과학적 사고의 또 다른 유형이다. 순수수학적 사고는 수와 공간의 수학적 공리·공준·개념으로 기술된 분석적 명제에 바탕을 둔 논리적 추리를 지칭한다. 수학적 사고 과정은 "삼각형의 내각의 합은 180°다. 두 꼭짓점의 각이 각각 60°이면, 나머지 꼭짓점의 각은 60°다."와 같이 시공간에 관한 명제들로 이루어진다. 수학적 사고에서는 논증 과정의 타당성뿐만 아니라 논증을 구성하는 명제의 진위도 따진다.

비판적 사고는 논리적 추리의 특성과 그것을 적용할 때 드러나는 한계에 대한 부정적 입장에서 중요시되었다. 비판적 사고는 특정한 사실과 개념에 관한 증거와 추리를 바탕으로 정보를 분석해 정보의 진위 또는 진실성을 결정하는 과정인데, 논증의 양식뿐만 아니라 논증 과정의 타당성과 아울러 그 과정의 단계를 이루는 명제의 진위도 따지는 사고다. 비판적 사고에는 명제의 진위 판단, 논증의 타당성과 증거의 진위에 대한 평가, 분석한 결과의 이용, 믿고 행동할 것의 결정에 이용되는 사고도 포함된다.

과학적 사고는 비판적 사고의 한 유형이다. 비판적 사고의 전제는 자연과 생명의 현상뿐만 아니라 사회적·역사적·문화적 상황으로 진술된다. 자연 또는 생명의 형상을 전제로 진술하는 비판적 사고를 과학적 사고라고 한다. 과학적 연구 방법을 적용하는 과정에서 이루어지는 사고, 또는 과학적 탐구 과정과 활동에서 적용하는 논리적 사고와 비판적 사고는 모두 과학적 사고다. 이와 같이 비판적 사고와 과학적 사고는 논리적 추리가 그 근간이 되기 때문에, 합리적 사고 또는 객관적 사고로 일컬어진다.

2) 창의적 사고

창의적 사고는 새롭고 적절한 업적, 또는 사회적으로 가치 있는 산물을 산출하는 사고다. 새로운 업적은 독창적 산물을, 적절한 업적은 생활과 사회에 유용하고 적응성이 있는 산물을 일컫는다.

가장 좁은 의미의 창의적 사고는 유창성 · 융통성 · 독창성 · 정교성과 같은 발산적 사고만을 지칭한다. 이보다 더 넓은 의미의 창의적 사고에는 통찰력, 발명 능력, 상상, 혁신적 사고, 주도적 역할, 자료의 출처로서 기능과 관련이 있다. 창의적 사고는 독창적이며 가치가 있는 결과를 생성하는 상상력이 풍부한 사고며, 기존의 과학적 이론이나 그것을 뒷받침하는 증거, 선행지식, 대상과 내용의 영향을 받는다는 점에서 형식논리적 사고나 순수수학적 사고와 대비된다. 독특하고 새로운 문제의 해결 방법 제시, 독특한 예술적 창조, 획기적인 과학적 법칙 또는 이론의 창출과 같은 정신적 과정은 모두 창의적 사고다.

비판적 사고와 창의적 사고는 상호보완적 관계가 있다. 객관적이고 논리적으로 판단하는 이성적 사고와 반성적 사고를 포함하는 비판적 사고와 달리, 창의적 사고는 관념과 지식을 새로 조합해 문제의 해결에 목적이 있는 주관적 · 비논리적 사고다. 비판적 사고는 합리적 사고이지만, 창의적 사고는 비합리적 사고다. 창의적 사고는 개방적 · 혁신적 · 독창적 · 무제한적 사고로서 개방적 탐색 또는 관념의 창발적 생성과 관련되어 있으며, 비판적 사고는 집중적 · 학문지향적 · 논리적 · 제한적 사고로서 실제 문제가 그 대상이다. 비판적 사고는 문제해결책의 장단점을 분석하며, 창의적 사고는 새로운 통찰력을 얻게 하며 문제해결책을 제시한다. 비판적 사고가 논리적 사고를 기본으로 한 과학적 사고라면, 창의적 사고는 비논리적인 직관적 사고, 대안의 탐색과 생성, 시각화, 영상화, 이상화와 같은 상상적 · 창발적 사고다.

3) 사고실험

사고실험은 마흐가 처음 제시한 과학적 방법으로서, 순수한 사고로 실험의 방법과 상황을 설정하고, 사고에 의한 실험을 통해 결과를 얻는 과학적 연구 방법과 그 과정이다. 사고실험은 구인을 이해하기 위한 과학적 탐구에 효과적이다. 사고실험은 또한 물리학과 같이 이론적 학문 분야에는 긴요한 수단이다. 사고실험은 실험에 필요한 재료의 제한이나 오차의 한계 때문에, 의도하는 실험이 불가능한 주제의 사고에 효과적이다. 사고실험에는 논리적으로 추리할 수 있는 능력과 수학적 사고 능력이 필수적이다.

갈릴레오는 사고실험으로 물체의 운동에 관한 아리스토텔레스의 주장을 반박했다. 아리스토텔레스는 물체가 떨어지는 속력이 무게에 비례하기 때문에, 가벼운 물체보다 무거운 물체가 더 빨리 떨어진다고 주장했다. 아리스토텔레스의 주장이 옳다면, 두 물체를 하나로 묶은 물체는 원래의 무거운 물체보다도 더 빨리 떨어져야 한다. 그러나 갈릴레오는 더 가벼운 물체 *가*와 더 무거운 물체 *나*를 하나로(*가*+*나*) 묶어 떨어뜨리면, 물체 *가*가 떨어지는 속력과 물체 *나*가 떨어지는 속력의 중간 속력으로 떨어질 것이라고 예상할 수도 있다고 주장했다. 아리스토텔레스의 주장에 어긋나는 결론이 도출되는 이유는, 사고실험에 적용된 논증의 전제가 된, 무거운 물체가 가벼운 물체보다 먼저 떨어진다는 아리스토텔레스의 주장이 틀렸기 때문이다. 연역적 논증에서 논증의 형식이 타당하지만, 전제가 거짓일 경우 거짓의 결론이 도출된다. 갈릴레오는 경사면을 내려오는 쇠구슬에 관한 사고실험을 하는 과정에서 발견한 관성의 개념도 제시했다.

사고실험은 크리스티안 외르스테드(Christian Ørsted, 1777~1851)가 처음 사용한 용어다. 베르너 하이젠베르크(Werner K. Heisenberg, 1901~1976)는 파장을 무한히 짧게 할 수 있는 γ선 현미경을 사용해 전자의 위치를 측정할 때, 전자의 운동량에 관한 불확정성원리를 도출했다. 에테르의 존재를 증명하기 위해 수행한 마이켈슨-몰리(Michelson-Morley)의 실험도 사고실험의 산물이며, 뉴턴・라이프니츠・니콜라 카르노(Nicolas Carnot, 1796~1832)・아인슈타인・에르빈 슈뢰딩거(Erwin Schrödinger, 1887~1961)・하이젠베르크도 사고실험을 했다.

2. 과학적 방법의 발달과 다양성

과학사와 과학철학에서 정의하는 과학적 방법은 자연에 대한 해석을 바탕으로 과학지식을 발견하고 구성할 목적으로 수행하는 과학적 연구에 적용하는 방법과 원리며, 17세기 이래 과학의 본성에 관한 논의의 핵심적 주제가 되어 왔다. 과학적 방법을 적용하는 일차적 목적은 자연의 사물과 현상의 진실・진상・본질의 확인보다 그것들의 추론에 필요한 증거・정보・지식의 수집에 있다. 과학적 연구와 그 방법의 적용에는 이성과 경험에 대한 신뢰성, 균일성과 같은 자연에 관한 전제, 단순성・일관성・유용성 등 과학의 가치가 영향을 미친다.

1600년대 이전에는 오늘날 과학적 진리의 탐구와 과학지식의 검증에 적용되는 과학적 방법이 없었다. 16세기부터 중세의 장인 전통(craft tradition)과 학자 전통(scholarly tradition)이 새로운 전통으로 통합되었는데, 특히 17세기 초부터 통합된 새 전통을 이어받아 발달한 근대 과학은 한 가지 과학적 방법만을 적용할 수 없었고, 주제마다 적절한 과학적 방법이 필요했다. 근대 과학에서 개발된 과학적 방법의 핵심적 골격은 논리와 수학이었다. 특히 인과관계의 규명에 목적이 있는 과학적 방법으로는 과학실험보다 이상적인 방법이 없다.

1) 과학적 방법의 발달과 한계

근대 과학에 적용하기 위한 과학적 방법으로 베이컨은 장인 전통과 학자 전통에서 각각 전승되어 오던 두 가지 방법을 귀납적 추리와 통합한 질적-귀납적 방법, 또는 실험적-귀납적 방법을 제시했다. 근대 과학의 창시자 갈릴레오는 귀납적 추리에 수학적 방법과 실험 방법을 통합한 수학적-실험적 방법을 자신의 역학적 연구에 적용했다. 베이컨이 제안한 실험적-귀납적 방법과 갈릴레오가 적용한 수학적-실험적 방법의 핵심 골격은 과학적 실험이다. 과학적 실험은 통제변인을 완벽하게 통제하고 독립변인을 정확하게 조절한 상황에서, 관찰·측정을 통해 수집한 자료를 근거로 가설을 검증하는 데 목적이 있는 과학적 방법이다.

기계론의 완성자 데카르트는 장인 전통과 학자 전통의 두 가지 방법과 연역적 추리를 통합해 기본적으로 양적인 수학적-연역적 방법을 제안했으며, 고전물리학의 창시자 뉴턴은 양적이지만 연역적 방법에 가까운 물리적-수학적 연역법을 제안했다. 실증주의는 현행 과학적 연구에서 가장 널리 적용되고 있는 과학적 방법으로서, 과학적 실험을 통해 적용되는 가설-연역적 방법을 제시했다. 과학적 연구에서는 귀납적 추리의 일종인 유비추리와 가설-연역적 추리의 한 유형인 귀추적 추리도 널리 적용되고 있다.

전통적 과학철학에서 제시하는 과학적 방법은 논리적 추리가 기본 골격을 이루며, 경험을 통한 자료의 수집 · 정리 · 분석, 가설의 검증, 그 결과에 따른 이론의 구성에 적용된다. 논리적 추리는 추론을 통해서 이미 알고 있는 사실과 지식을 바탕으로 알지 못한 사실을 미루어 짐작하는 사고며 귀납적 추리와 연역적 추리로 대별된다. 귀납적 추리는 자연현상의 규칙성을 전제하며, 연역적 추리는 자연적 과정의 필연성과 인과관계를 전제한다. 추론은 어떤 생각을 근거로 해서 다른 생각을 이끌어내는 사고 과정이며, 논증은 어떤 주장과 그 주장의 근거로 구성되어 있는 사고의 한 과정이다. 연역적 추리에 대비되는 추리로 귀납적 추리 이외에 유비추리와 가설추리도 있다. 유비추리는 직유 · 은유 · 모형을 이용하는 비유추리, 즉 자연현상을 설명하는 것으로 추정되는 여러 가지 원인 가운데 어느 하나를 가설로 제안하는 추리다.

자연현상들 사이의 인과관계를 밝히기 위해 수행하는 과학적 탐구에서는 가설-연역적 방법과 귀추법이 가장 보편적으로 적용된다. 가설-연역적 방법은 대학원의 석 · 박사 학위를 따기 위한 과학적 실험 연구와 같이 이론이 정립된 지 비교적 오래되어 귀납적으로 일반화된 자료가 많이 축적된 분야에서, 그리고 이론으로부터 가설을 도출하고 변인을 통제 · 조절한 상황에서 실험을 통해 그 가설을 검증할 목적에서 적용된다. 귀추법은 이론이 성립된 지 오래되지 않아서 귀납적으로 일반화된 자료도 많지 않은 초기 발달 단계에 있는 과학 분야에서 새로운 과학적 이론의 구성에 목적이 있는 연구에서 주로 적용된다.

그러나 과학적 방법은 어느 것이나 적용상의 문제와 한계를 안고 있다. 과학적 방법은 지식을 획득할 수 있는 여러 가지 방법 가운데 하나일 뿐이며, 그것의 적용 효과는 주제와 영역에 한정되어 있다. 실증주의자들의 과학적 방법은 규칙적으로 움직이는, 그래서 예상이 가능한 물리적 세계에 관한 연구에 효과적으로 적용할 수 있다. 인과관계의 목적을 달성하기 위해 수행되는 과학적 실험도 우주론과 같이 변인을 통제할 수 없는 영역의 탐구에는 적용할 수 없다. 또한 과학적 이론을 구성할 때는 전통적인 과학적 방법이 적용되지도 않는다. 즉 과학적 방법은 '왜' 질문에 대한 궁극적 답에는 적용할 수 없다.

2) 실험적-귀납적 방법의 발달과 한계

베이컨은 스콜라 철학을 거부하고, 스콜라 철학의 이론적 배경이 된 아리스토텔레스와 플라톤의 사상도 비판했다. 그러면서 새로운 과학지식의 생성에 아무런 도움도 되지 않는 연역적 방법보다는 자연에 관한 사실의 수집과 관찰, 측정, 실험에 기반한 귀납적 방법을 중요시했다. 베이컨은 과학적 방법을 적용할 때 수학의 기능과 역할을 인식하지 못해, 본질적 속성상 수학이 필요 없는 질적이고 실험적인 귀납적 방법을 제시했다. 베이컨이 중요시한 실험적-귀납적 방법은 당시에 '과학적 방법'으로 인식되었을 정도로 최초로 제시된 과학적 조사에 특히 효과적인 방법이었다.

베이컨은 근대 과학에 필수적인 과학적 방법으로 실험적 방법을 사용할 수 있는 가능성을 탐색했다. 그는 또한 자연현상에 나타나는 규칙성의 인식에는 경험적 추리나 직관보다 관찰을 통해서 얻은 자료에 바탕을 둔 귀납적 추리가 더 적절하다고 생각했다. 베이컨이 주창한 실험적-귀납적 방법은 사전(事前) 가설이나 미리 예상한 기대감도 없이 자연현상을 관찰・측정・실험해서 수집한 자료에 나타나는 규칙성을 과학적 법칙으로 일반화하는 방법이다. 실험적-귀납적 방법은 베이컨 자신의 탐구에는 거의 적용되지 않았고, 19세기 지질학과 분류학 그리고 생물의 진화론과 같은 기술적(記述的) 학문 분야에서 본격적으로 적용됐다.

귀납법은 현상의 일반화나 현상들 사이의 상관관계를 확인하는 데 목적이 있는 기술적 과학의 탐구에 특히 효과적이다. "낙하하는 물체는 일정한 비율로 속도가 올라간다."는 갈릴레오의 낙하법칙은 수차례의 관찰로 얻어진 결과를 바탕으로 일반화한 진술, 또는 낙하 시간과 속도의 상관관계를 기술하는 진술이다. 단위 시간당 속도가 정확히 얼마나 빨리 떨어지며, 그 속도에 영향을 미치는 요인이 무엇인지, 그리고 "공기의 저항이 없다면, 낙하하는 물체는 계속 가속되므로, 일정한 비율로 속도가 올라간다."와 같은 상관관계 또는 인과관계는 과학적 실험을 기반으로 하는 가설-연역적 방법과 실험으로 확인해야 한다.

실험적-귀납적 방법은 귀납의 원리 및 관찰의 이론의존적 속성과 관련된 적용상의 한계를 안고 있다. 귀납의 원리를 충족하지 못하는 문제는 무한한 대상 가운데에서 한정된 수의 대상을 관찰해 얻어진 결과에서 도출한 일반화, 즉 과도한 일반화에서 생겨난다. 귀납적으로 도출된 일반화는 타당성이 보장되지 못하고, 일반화의 바탕이 된 관찰 자료에만 한정적 타당성을 지닌다. 이론의존적 속성과 관련된 한계는 관찰을 통해 수집한 자료가 주관적 해석이거나 측정기에 나타난 수치에 불과하며, 그 자료에 바탕을 둔 일반화도 객관적일 수 없는 속성으로부터 드러난다.

3) 수학적-실험적 방법과 수학적-연역적 방법 그리고 물리적-수학적 연역법의 발달과 한계

근대 과학의 창시자 갈릴레오는 정량적 실험 위주의 과학적 방법을 개발해 물체를 떨어뜨리는 실험에 적용했다. 갈릴레오는 경사면을 이용한 실험을 통해 자유낙하 법칙을 발견했다. 그가 실험을 통해서 발견한 자유낙하 법칙은 '진공에서 자유낙하하는 물체는 그 질량, 모양, 재질, 크기 따위와 관계없이 일정한 가속도로 떨어진다.' 하고 설명했다. 그는 과학적 방법을 적용할 때 수학의 역할에도 관심을 가지고, 시간, 운동, (질량으로 일컬어지는) 물질의 양 등 측정이 가능한 성질에 관한 조사에 수학적 방법을 적용할 수 있다는 것을 실증했다. 근대의 자연철학 탐구에 측정 방법이 도입되어 수학이 적용되자, 자연철학에서 하는 질적인 논리적 추리의 역할이 양적인 수학의 역할로 대체되었다.

갈릴레오는 자신이 개량한 망원경을 사용해 관측하는 과정에서, 수학적 계산이 가능한 자료를 수집할 수 있으며 수학과 실험을 동시에 적용하는 수학적-실험적 방법을 활용했다. 갈릴레오가 적용한 수학적-실험적 방법은 귀납적 추리 과정을 바탕으로 한 관찰·측정 위주의 과학적 방법으로서, 관찰·측정·실험을 통해 수집한 자료를 모아서 수학적 분석이 가능한 형태로 조직하고, 그 자료로부터 수학적 결론을 도출하고, 변인을 확인해서 실험을 통해 입증하는 단계로 구성되어 있다. 갈릴레오는 수학적-실험적 방법을 적용하기 위해, 낙하실험에서 공기저항과 같은 미세한 영향을 미치는 변인을 무시하면서, 실험 조건을 '수학적'일 정도로 완벽하게 통제했다.

17세기에 형성된 근대 과학은 갈릴레오가 개발한 수학적-실험적 방법을 데카르트가 더욱 정교하게 다듬은 수학적-연역적 방법을 통해서 한층 더 체계적으로 발달했다. 근대 과학자들은 '수학적 과학자들'이 무시한 측정할 수 없는, 로크가 말한 제2성질을 실체가 없는 것으로 간주하고, 측정이 가능해 수학적으로 증명할 수 있는 제1성질만을 실재적인 것으로 간주했다.

데카르트는 수학적-연역적 방법만 적용해, 수학적으로 증명할 수 있는 결론과 이론만 제시했다. 한편 수학적-연역적 방법이 널리 적용될수록 관찰·측정·실험에 사용되는 도구들도 많이 발명되거나 개발되었는데, 그런 도구들은 수학적 방법을 적용할 수 있는 범위를 더욱 확장했다. 그와 같은 순환적 상호영향에 따라 수학적-연역적 방법은 측정이 가능한 영역이 더욱 확장되어 그만큼 더 보편적으로 적용되었으며, 그런 배경은 철학의 한 분야로 정립되는 계기가 되었다. 데카르트의 과학적 방법은 계산과 실험 위주의 정확하고 수학적 확실성을 이상으로 하는 학문의 바탕이 되었다.

한편 뉴턴은 물리적-수학적 연역(physico-mathematical deduction)을 과학적 방법으로 수용하고, 그 출발점은 실험으로 얻어진 자료 또는 법칙이어야 하며 연역은 다른 실험의 결과를 설명하고 예상할 수 있어야 한다고 주장했다.

연역적 방법은 특정 영역에 한하여 효과적으로 적용되는 적용상의 한계가 있다. 연역적 추리와 동일한 논증 과정으로 이루어지는 수학적-연역적 방법도 과학적 방법으로 적용되는 연역적 방법이 안고 있는 한계와 문제를 그대로 드러낸다. 즉 수학적-연역적 방법도 논증의 대전제인 명약관화한 대명제와 공리뿐만 아니라 새로운 자료와 정보도 생성하지 못하는 문제와 한계가 있다. 연역적 방법은 논증의 첫 번째 단계의 일반화 명제를 생성하지 못하기 때문에 귀납적으로 일반화된 명제를 차용하며, 그러므로 그 논증에서 추론된 결론도 새로운 정보가 되지 못한다. 수학적-연역적 방법은, 양적 추리일 뿐 연역적 추리이기 때문에, 과학지식의 형성 과정보다는 그 정당화 과정에 더 효과적이다.

3. 과학적 탐구 과정과 활동

과학적 탐구 중심의 과학교육 교육사상은 1960년대에 실증주의 철학사상에 바탕을 둔 학문중심 교육사상의 주도로 일어난 교육개혁 운동의 산물이다. 학문중심 교육사상에 기반한 과학적 탐구 과정은 과학적 연구의 과정과 활동을 기본으로 해 선정·조직되었다. 우리나라 각급 학교의 과학과 교육과정에서 중요시하는 과학적 탐구의 요소를 요약하면 〈표 4-2〉와 같다.

〈표 4-2〉 과학적 탐구 과정과 활동의 영역과 종류

탐구 과정과 활동		탐구 기능 요소
탐구 과정	기초 과정 기능	관찰, 측정, 어림(estimation), 시/공간 관계 이용, 의사소통, 분류, 예상, 수의 이용, 추리, 비교
	통합 과정 기능	조작적 정의, 모형 형성(모형화하기), 문제인식, 가설설정, 변인의 확인 · 통제 · 조절, 자료변환, 자료해석, 결론도출, 일반화
탐구 활동		토의, 실험, 조사, 견학, 과제연구
탐구 기술	조작적 기술	도구 사용, 도구 수선, 도구 관리, 시범
	의사소통 기술	설명 및 기술, 논문 · 보고서 작성, 논문 · 보고서 발표, 비판과 심사

〈표 4-2〉에 제시된 과학적 탐구 과정과 활동은 사고하고, 측정하고, 사고를 이용하는 방법이며, 탐구 기능은 사고하고 추리하는 유형이다. 과학적 탐구는 과학자들이 과학적 연구에 적용하는 방법이자 각급 학교 학생들이 과학을 학습하는 방법을 뜻한다. 〈표 4-2〉의 과학적 탐구는 어느 것이나 현상과 상태를 기술하는 기술조사, 현상들의 상관관계를 확인하는 비교조사, 현상들의 인과관계를 결정하는 실험조사의 하나에 해당한다.

1) 기초 탐구 과정

기초 탐구 기능은 과학자의 과학적 연구와 학생의 탐구 학습에 필요한 수공적 · 정신적 조작 기능을 말한다. 1960년대 이후 미국의 과학 교육과정에서는 기초 탐구 과정과 그 기능으로 흔히 관찰, 측정, 시/공간 관계 이용, 의사소통, 분류, 예상, 수의 이용, 추리,

비교로 구분한다. 한편 1970년 이후의 우리나라 과학과 교육과정에서는 과학적 탐구의 과정과 그 기능을 보통 관찰, 측정, 분류, 예상, 추리 등으로 나눈다.

① 관찰

과학적 탐구에 가장 기초적인 활동인 관찰은 보기・듣기・만지기・냄새맡기・맛보기의 오감을 이용해 사물・현상・사건에 관한 정보를 수집하는 방법이자 기능이다. 관찰은 과학적 연구・탐구・조사의 기본적 수단이기도 하다. 관찰은 그뿐만 아니라 과학 학습의 핵심적 절차이며, 그 목적 가운데 하나다. 관찰은 학습 평가의 수단과 방법이자 그 대상이기도 하다.

관찰은 질적 관찰과 양적 관찰로 대별된다. 질적 관찰은 오감을 통해 사물・현상의 질적 특성을 기술하며, 양적 관찰은 도구를 사용해 수집한 자료를 수・양・표준단위로 기술한다. 관찰은 일차 관찰과 이차 관찰로 나뉜다. 일차 관찰은 사물이나 현상을 자연 상태 그대로 둔 채 오감을 통해서, 또는 현미경・망원경・저울 등 실험 도구를 사용해 자료를 수집하는 방법이다. 이차 관찰은 전류계・지진계 등 실험 도구에 나타난 자료를 읽는 방법이다. 일차 관찰로 수집한 자료는 직접 자료로 일컬어진다. 관찰의 결과는 종류에 상관없이 모두 예상・추리・문제인식・가설설정・자료해석과 같은 다른 탐구 과정의 기초 자료로 이용된다.

관찰은 관찰자의 지식・경험・기대감・관점의 영향을 받는다. 관찰의 결과는 객관적으로 기술하기 쉽지 않고, 동일한 현상을 관찰자마다 서로 다른 의미로 해석하고, 상이한 결론을 도출할 수 있다. 학생들은 학습한 내용을 그의 선행지식과 선행경험에 따라 다른 의미로 해석할 수도 있다. 이는 관찰의 결과가 과학지식의 확고한 바탕이 될 수 없다는 암시다.

② 측정

측정은 과학의 학습을 평가하는 수단이자, 과학적 연구에 필수적 방법이다. 측정은 기본적으로 도구를 사용해 양적 자료를 수집하거나 사물과 현상을 수로 기술하기 때문에, 정확한 관찰, 양적 관찰, 또는 정량화의 수단으로 불리기도 한다. 측정 기능에는 적절한 기구나 도구를 선택해 능숙하게 사용할 수 있는 기능, 자료를 수학적으로 계산하거나 통계적으로 분석할 수 있는 기능, 자료에 적절한 단위를 붙이는 기능도 포함된다.

과학적 탐구 과정으로서의 측정은 정확한 관측으로 정의할 수도 있으며, 수집되는 자료의 성질을 기준으로 관찰과 구분된다. 측정에서는 본질적으로 양적 자료가, 관찰에서는 흔히 질적 자료가 수집된다. 측정 자료는 주관적으로 해석된 관찰 자료와 다르게 객관적으로 표현된다.

측정은 관찰의 특수한 형태며, 도구를 사용하지 않는 측정은 어림으로 불린다. 어림은 참조도구(referent)를 사용하며, 지식에 의존한다. 어림은 직관(intuition)과 함께 과학자가 궁극적으로 의존하는 과학적 사고다. 거시세계나 미시세계의 측정 결과는 아무리 정교한 도구를 사용할지라도 사사오입할 수밖에 없다. 어림이 영국과 미국의 평가기관 평가의 대상에, 우리나라는 2022 개정 교육과정 통합과학 내용에 포함되어 있다.

③ 분류

과학적 탐구 과정으로서의 분류는 유사점 또는 준거속성에 따라 사물과 현상을 함께 묶거나 관계를 짓는 과정이다. 분류가 이보다 더 구체적으로는 사물과 현상을 공통적 기준에 의거해 나누고, 나눈 것을 더욱 세분해 개체를 확인할 수 있을 때까지 나누어 사물과 현상들 사이의 위계적 단계를 체계화하는 과정으로 규정된다. 분류는 사물과 현상의 실례와 비실례를 보여주는 과정으로 간주되기도 한다. 분류는 변별과 구분된다.

과학적 연구에 적용되는 분류는 이원분류와 다단계분류로 나뉜다. 이원분류는 사람을 남과 여로 분류하는 것처럼 사물을 정해진 특성에 따라 두 범주로 나누는 방식이며, 다단계 분류는 분류학에서 생물을 분류할 때와 같이 사물을 준거속성에 따라 여러 단계를 거쳐 분류하는 방식이다. 이원분류는 단순하기 때문에 초등학교 저학년 학생들에게 적절하고, 다단계 분류는 복잡하기 때문에 중등학교 고학년 학생들에게 효과적이다.

④ 예상

예상은 자연현상이나 특정 사건에 대한 구체적이고 정확한 추측이다. 예상은 수집된 정보와 자료에 바탕을 둔 최선의 추측을 요구하는 사고로서 추론의 결과에 바탕을 두어 미래에 일어날, 또는 아직 알려지지 않은 현상 및 사건과 그 조건에 관한 예언을 의미한다. 예상은 체계적 관찰, 정확한 측정, 타당한 추리, 적절한 분류에 바탕을 둘수록 정확해지며, 그런 관찰・측정・추리・분류에 바탕을 두지 않은 예상은 추측에 지나지 않는다.

예상은 내삽이나 외삽과 같이 변인 사이의 관계를 정확한 값으로 말하는 과정이다. 즉 실험에서 조절한 독립변인과 도구를 사용해 측정한 종속변인의 범위를 벗어나는 값을 말하는 과정이다. 정량적 자료를 바탕으로 하는 예상은 정성적 자료를 다루는 추리와 달리, 내삽이나 외삽을 적용하여 정확하게 검증할 수 있다.

과학적 탐구 과정으로서의 예상은 모형에 바탕을 두며 과학의 목적으로 설정되는 예상과 동일한 의미를 지닌다. 예상은 관찰·자료해석·추리 등 다른 과학적 탐구 과정과 구분된다. 예상은 관찰자료에 바탕을 두고 앞으로 관찰할 사실이나 현상을 말하는 과정을 뜻한다. 예상은 또한 의미를 바꾸지 않고 다른 말·기호·도표로 표현하는 자료해석과 구분되며, 법칙·현상·사실의 원인 또는 규칙성·일반성·양상을 기술하는 추리와도 다르다.

⑤ 추리

추리는 논리적 추론 과정의 골격이다. 추리는 관찰·측정·분류를 통해서 얻은 자료, 곧 알게 된 것을 바탕으로 결론을 도출하는 과정, 현상에 나타난 규칙성을 기술하거나 규칙성의 원인을 설명하는 과정 등을 뜻한다. 추리에서는 귀납적 일반화, 연역적 추론, 가설-연역적 검증과 같이 전제와 그에 바탕을 둔 결론 사이에 시간적 간격이 문제되지 않는다. 이론과 원리에 의한 법칙의 설명, 현상이 일어난 원인의 제시, 모형 또는 유추에 의한 현상의 설명, 그리고 사물의 본성에 대한 기술도 추리다.

과학적 연구에서는 관찰, 선행지식, 선행경험을 근거로 추리한다. 추리는 관찰·예상·결론도출과 구분된다. 추리는 관찰 자료의 일반화이거나, 관찰 결과의 설명에 관한 진술이다. 추리는 일반적 진술에서 하나의 구체적 사실을 도출해 그 일반적 진술을 설명하거나 여러 자료에서 하나의 일반적 결론을 이끌어낸다는 점에서, 한 변인의 값에 근거해서 다른 변인의 값을 말하는 예상과 구분된다. 결론은 가설과 관련된 진술로서 실험에 한정된 의미를 지니며, 이 점에서 추리는 과학적 이론과 구분된다.

2) 통합 탐구 과정

1960년대 미국 과학교육학에서는 통합 탐구 과정을 변인통제, 자료해석, 조작적 정의, 가설설정, 실험하기로 구분했으며, 우리나라 과학교육학에서는 문제인식, 가설설정, 변인통제, 자료변환, 자료해석, 결론도출, 일반화로 분류했다. 우리나라의 제3차 과학 교육과정에서부터 중요시한 문제인식, 탐구 설계와 수행, 자료의 수집·분석 및 해석, 수학적 사고와 컴퓨터 활용, 모형의 개발과 사용, 증거에 기초한 토론과 논증, 결론 도출 및 평가, 의사소통도 통합 탐구 과정과 그 기능이다. 이 소절에서는 문제인식, 가설설정, 변인통제, 자료해석, 결론도출, 일반화를 알아본다.

① 문제인식

과학적 연구나 탐구를 시작하려면 가장 먼저 연구의 영역, 또는 연구할 주제를 결정한다. 연구의 영역이나 주제를 결정한 다음에는 해결할 연구문제를 확인해 진술하는데, 연구의 영역과 주제로 연구의 제목을 정한 다음 연구문제를 확인해 진술하는 과정을 문제인식이라고 한다. 문제인식은 조사·실험 과정의 첫 번째 단계며, 심리학과 관련된 과학교육학 연구에서는 문제를 조작적 용어로 진술하는 과정이 포함된다.

과학적 연구문제는 기술 문제, 상관관계 문제, 인과관계 문제로 나뉜다. 기술 문제는 조사할 변인으로, 상관관계 문제는 변인들 사이의 상관관계로, 인과관계 문제는 변인들 사이의 인과관계로 진술한다. 기술 문제, 상관관계 문제, 인과관계 문제는 각각 실태조사, 상관관계 연구, 인과관계 연구에서 제시된다. 연구의 목적에 따라 연구문제가 다양한 형식으로 진술되지만, 좋은 연구문제일수록 연구의 방향·방법·내용을 분명하게 제시한다.

과학적 연구에서는 연구문제를 기존의 과학지식으로 이해하기 어려운 자연현상이나 생명현상 또는 전통적 방법으로는 해결하지 못하는 상황으로 기술한다. 연구문제는 연구의 주제와 관련이 있는 이론의 분석, 문헌조사, 일상생활의 경험을 기반으로 설정해 진술한다. 과학적 연구에서 해결할 문제의 결정에는 문헌조사가 가장 보편적으로 적용된다. 연구문제는 평서문으로 기술해도 되지만, 대부분 의문문의 형태로 진술한다.

② 가설설정

과학적 연구에서 가설은 예상되는 연구의 결과, 즉 연구문제의 잠정적 해답의 형식으로 진술한다. 상관관계 연구와 실험·준실험·사후 연구에서는 가설을 연구문제와 관련된 조절변인과 반응변인 사이의 예상되는 관계로 진술한다. 좋은 가설은 제멋대로 한 추측이 아니라 '유식한 추측'이다. 가설은 그 진위 또는 타당성을 검증할 목적으로, 관련이 있는 정보나 지식에 바탕을 두어 설정한다. 그런데 연구문제의 잠정적인 답의 형식으로 진술할지라도, 설명이나 군더더기의 말이 들어가는 가설은 좋지 않은 것이다. 연구가설은 검증할 방법을 구체적으로 제시하지 못할 만큼 일반적 의미로 진술해서도 안 된다.

실험에서는 가설을 관찰과 측정, 분류, 추리, 예상, 변인통제를 통해 얻어진 자료를 바탕으로 설정한다. 그러므로 진술된 가설은 관찰・측정・추리・분류・예상・변인통제와 관련된 자료와 다르다. 가설의 설정에 가장 기본적인 자료는 관찰과 측정을 통해 얻어진다. 인과관계의 규명에 목적을 둔 실험과 상관관계의 확인에 목적을 둔 조사의 연구가설은 각각 실험과 조사의 지침이 될 뿐만 아니라 그 방향을 제시하며, 그런 과정에 유용한 도구가 된다. 좋은 연구가설은 연구문제와 관련된 변인을 확인하고, 독립변인과 종속변인을 포함해 진술한다. 연구가설은 독립변인을 앞에, 종속변인을 뒤에 두어 진술한다.

③ 실험설계/변인통제

실험설계는 종속변인과 독립변인을 확인함으로써 시작된다. 종속변인은 조절변인이 변함에 따라 함께 변하는 변인이다. 독립변인은 다시 크게 조절변인과 통제변인으로 구분된다. 조절변인은 계획적으로 변화시키거나 조작하는 독립변인이며, 통제변인은 결과에 서로 다른 영향을 미치지 않도록, 즉 동일한 영향을 미치도록 일정하게 유지하는 변인이다.

실험설계는 실험 또는 조사의 결과에 영향을 미치는 모든 변인을 확인하고, 통제변인을 통제하며, 조절변인을 조작하고, 관찰·측정 계획을 수립하는 과정이다. 변인통제는 조사와 실험이 이루어지도록 변인을 통제하고 조절하는 과정이다. 모든 변인을 확인한 다음, 통제변인은 완벽하게 통제하고, 조절변인은 확실하게 조절해야 정확한 자료가 수집된다.

④ 자료해석

자료해석은 자료의 의미를 이해하고, 그 의미를 자신의 말로 나타내며, 지식과 관점에 따라 다른 용어로 표현하는 과정이다. 자료해석은 문장·표·그래프·그림·사진을 읽고 그 의미를 파악하거나 자료를 변환하는 과정이다. 자료해석의 결과는 문장과 아울러 평균·최빈값·중앙값·빈도·표준편차·표준오차·t-값 등 통계학적 용어로 기술한다.

과학적 실험은 자료를 수집해 분석하고 해석하는 절차를 반드시 통과한다. 실험의 결과에 대한 보고서에서 기존의 다른 자료와 비교하는 진술도 자료해석이다. 자료를 정확하게 해석하기 위해서는 관찰·분류·측정할 기능이나 그런 경험이 있어야 한다. 자료해석 기능은 고차원적 기능으로 인정되며, 관찰·예상·추리·결론과 구분된다.

⑤ 결론도출

논리적 추론 과정에서는 전제들에 의거해서, 그리고 타당한 논증 과정을 거쳐서 결론을 도출한다. 과학적 연구나 과학실험에서는 수집한 자료를 근거로 가설을 수용할지, 또는 기각할지 그 여부를 판단해 결론으로 진술한다. 결론은 과학적 연구 및 과학실험의 결과에 대한 요약이 아니라 주제·문제·가설에 대해 확정적으로 진술한 최종적 해답이다. 결론은 연구문제나 연구가설마다 진술하며, 길이에는 제한이 없으나, 가능한 한 간단명료하게 진술한다. 좋은 결론은 과학적 연구나 과학실험에서 수집한 자료에서 논리적으로 도출한 것이며, 연구문제에 대한 답이나 연구가설과 일치하는 것이다.

결론도출은 예상·추리·가설설정·자료해석과도 자주 혼용되거나 혼동된다. 예상과 추리는 연구가설 및 연구에서 직접 관찰한 자료와 꼭 관계가 있는 것은 아니지만, 결론은 반드시 연구의 가설 및 해당 실험 주제에 한정된 진술이다. 논문에 진술된 결론은 연구의 주제·질문·가설에 대한 확정적 언급이지만, 가설은 가정적 언급이다. 또한 자료해석은 주어진 자료의 의미를 나타난 그대로 기술한 것이지만, 결론은 도출된 의미를 일반화해 결정짓는 진술이다. 특히 연구보고서에 제시되는 결론은 결과의 반복적 진술이 아니라, 그 결과에 바탕을 두어 논리적으로 추론해 진술의 형태로 기술한 것이다.

⑥ 일반화

일반화는 논리적 추리와 과학적 연구에 필수적인 과정이다. 논리학에서는 특정한 사실에서 포괄적 진술에 이르는 논증 과정을 일반화, 또는 귀납적 일반화라고 일컫는다. 귀납적 일반화는 표본에 바탕을 둔 논증으로서, 절대적 용어로 기술되어 예외를 인정하지 않는 보편적 일반화와 통계적 용어로 진술되어 확률적 의미를 갖는 통계적 일반화로 구분된다. 다양한 조사나 실험의 결론을 포함하는 일반화는 포괄적 결론이라고 불리며, 변인들 사이의 관계에 대한 일반화는 법칙으로 불린다. 일반화는 한 가지 실험만으로 이끌어낼 수 없다.

일반화는 추리나 자료해석과 공통적 특성뿐만 아니라 다른 점도 지닌다. 귀납적 일반화와 귀납적 추리는 용어만 다를 뿐이지 동일한 과정이다. 그러나 귀납적 일반화 과정을 통해 진술한 일반화는 과학적 법칙으로 일컬어지지만, 귀납적 추리의 결과는 그냥 결론으로 일컬어진다. 한 연구에서는 결론이 도출되지만, 여러 연구에서 수집된 동일한 결과를 종합하면 일반화가 도출된다. 자료해석은 하나의 자료가 담고 있는 의미를 다른 말이나 기호로 표현하지만, 일반화는 여러 자료로부터 도출한 의미를 모두 모아 포괄적으로 진술한다.

3) 탐구 활동

과학적 탐구는 과학지식의 생성과 자연세계의 이해를 위한 조사다. 과학적 탐구 방법은 과학적 방법과 혼용되지만 서로 다르다. 과학적 방법은 연구 방법에 관한 방법론의 대상이며, 과학적 탐구 방법은 과학적 연구와 탐구의 과정이자 그 기능이다.

① 토의

일반적인 뜻의 토의는 집단적 상호작용이며, 사람들 사이의 의사소통 또는 상호 간의 의견교환이다. 토의는 과학적 연구 또는 과학적 탐구 과정에 필수적인 한 가지 활동이다. 과학적 탐구 활동으로서의 토의는 현대의 과학철학과 과학지식사회학에서 중요시하는 과학지식을 형성하고 검증하는 활동을 지칭하며, 각급 학교 과학학습의 전략으로서의 토의는 현대의 심리학 및 심리철학에서 강조하는 학습의 과정과 방법을 일컫는다.

심리학적 이론으로서의 급진적 구성주의에서도 학습이 상호작용 과정을 통해 이루어진다고 주장한다. 각급 학교 과학학습의 한 과정으로 이루어지는 토의는 교사와 학생이 갖고 있는 공동 관심사에 관한 의문을 확인하고, 그에 관한 다양한 해답을 교환하거나 점검하며, 그 문제 및 해답과 관련된 지식과 이해를 증진할 목적으로 이루어진다. 토의에 의한 학습의 주제로는 가치관이 개재된 과학과 관련된 문제에 관한 인식과 판단, 쟁점이 되고 있는 주제에 관한 의사결정, 여러 가지의 대안적 해결책이 적합하다.

토의는 민주사회를 살아가는 과정에도 긴요한 수단이며, 현대의 사회학적 관점과도 부합한다. 과학적 탐구 활동으로서의 토의는 참여자에게 주제를 비판적으로 이해하며, 자기인식과 자기비판 능력을 증진하게 한다. 토의는 심리학자 장 피아제(Jean Piaget, 1896~1980)의 지능발달 이론이 제시하는 바와도 같이, 동일한 주제에 관해 다양한 견해가 있다는 것을 인식시키며, 사회적 논쟁거리에 관해 건전하게 생각하고 행동하게 한다.

② 실험

실험은 같은 조건에서 같은 결과를 끌어내기 위해 적용되는 원칙과 절차다. 실험은 원칙적으로 문제진술, 가설설정, 변인의 통제와 조절, 자료의 수집·분석·해석, 결론도출의 절차를 통해 현상들 사이, 또는 변인들 사이의 인과관계를 확인하기 위해 수행한다. 실험은 과학지식을 형성하고 검증하는 방법이기도 하다. 과학적 연구의 방법으로서, 또는 과학학습의 절차와 방식으로서의 실험을 효과적으로 수행하기 위해서는 통합 탐구 기능은 물론이고 기초 탐구 기능과 수공적 조작 기능도 습득해야 한다.

과학실험은 조사의 가장 핵심적 형태이자 방법이며, 과학사를 보면 과학적 탐구 과정에 대한 최초의 연구에서는 과학실험의 단계 또는 구성요소를 중심으로 분석했다. 과학실험의 기능에는 통계적 분석과 보고서를 작성하는 기술도 포함되며, 이런 특성 때문에, 과학실험이 때때로 과학적 연구와 동일시되기도 한다. 특히 과학교육학 연구에서는 과학실험이 대체로 다음과 같이 설계와 실행의 절차에 따라 수행된다.

〈실험설계〉

- 주제와 관련된 연구문제의 구성
- 모든 변인의 확인 및 통제
  - 조절변인의 확인과 조절
  - 반응변인의 확인과 관찰 및 측정
  - 통제변인의 통제(일정하게 유지)
- 가설의 설정과 진술
- 조작적 정의
- 실험절차 기술
- 자료수집 도구, 방법 등 준비(선택)

〈실험수행〉

- 자료수집
- 자료분석
- 결론도출
- 결론에 의한 가설검증(결론과 가설의 비교)

'이산화 탄소 농도와 광합성량은 어떤 관계를 맺고 있을까?'는 야외에서는 해결하기 어렵고, 실험실 실험을 통해서 해결할 수 있는 연구문제다. 실험실에서 수행되는 과학실험은 야외에서 수행되는 조사와 다르다. 과학실험실 실험의 목적은 인과관계의 규명에만 있지만, 야외조사의 목적은 인과관계 이외에 상관관계의 파악과 실태의 확인에도 있다. 또한 조사는 야외나 실험실에서도 이루어지지만, 과학실험실 실험은 변인을 정확하게 조작하고 통제변인을 완벽하게 통제할 수 있는 과학실험실에서 수행된다.

③ 조사

과학적 연구와 과학적 탐구가 과학실험실에서만 이루어지지 않으며, 조사도 과학실험실 실험에 전적으로 의존하지는 않는다. 과학적 연구와 과학적 탐구도 자연세계 또는 지역사회에서 수행할 수 있다. 이런 특성 때문에, 과학은 조사로서의 과학으로 특징지어지기도 한다. 특히 과학실험실에서 제대로 통제하거나 조절할 수 없는 변인에 관한 과학적 연구나 탐구는 야외조사나 실태조사에 의존할 수밖에 없다.

조사의 목적은 자연 및 사회 현상의 실태, 변인들 사이의 상관관계 또는 인과관계의 확인에 있다. 실태의 확인에 목적을 둔 조사에서는 조사할 항목을 결정하고, 그에 관한 사실적 정보를 수집한다. 실태조사에서는 가설을 설정하지 않고, 조사할 현상이나 변인 또는 항목을 나열한다. 상관관계나 실태를 조사할 때는 전수조사가 불가능하다. 실태조사는 모집단을 대표하는 표본을 선정하고, 그 표본을 대상으로 이루어진다. 이런 과정에는 고도로 전문적인 표집 기술, 곧 표집할 계획을 설계하는 기술이 필요하다. 또한 표본에서 수집한 자료의 분석에는 표준편차나 표준오차와 같은 통계학 지식이 필요하다.

과학적 조사는 과학실험실 실험과 마찬가지로 기초 탐구 과정은 물론이고 통합 탐구 과정을 통해서 이루어지는 복합적 탐구 활동이다. 이런 의미의 조사는 실험과 과제연구에 의해서도 수행된다. 특히 중·고등학교 과학의 학습 및 평가의 수단으로 이용되는 조사는 개방적 탐구의 특성도 띤다. 그러므로 과학적 조사를 원만하게 수행하기 위해서는 과학실험뿐만 아니라 야외조사나 실태조사 기술도 습득해야 한다.

④ 과제연구

과제연구기반 과학(PBS) 또는 과제연구기반 수업(PBI)의 이론적 배경은 듀이의 진보주의 교육사상에 있다. 듀이의 진보주의 교육사상은 학생중심의 학습과 행동에 의한 학습을 강조함으로써 PBS 또는 PBI의 이론적 배경이 되었다. 1990년대 이후에 개발된 PBI에는 제롬 브루너(Jerome S. Bruner, 1915~2016)에 의한 학문중심 교육사상도 반영되어 있다.

과제연구는 실제 세계를 대상으로, 학생이 직접 학습을 계획하고 수행하며, 장기간에 걸쳐 수행된다. 과제연구 중심의 학습은 어떤 것을 짓거나 구성하는 만들기 또는 공학, 실험 또는 연구, 사회적 활동의 세 가지 유형으로 나뉜다. PBI 또는 PBS는 그 유형과 관계없이 모두 학생에게 수업의 관련성을 보여주고 의미가 있다고 느끼게 하는 동인질문에서 시작된다.

4. 과학지식의 구성과 가변적 특성

과학철학에서는 지식을 '주제에 대한 경험 · 교육 · 이해를 통해 획득된 사실 · 정보 · 기능'으로 정의한다. '지식'을 나타내는 영어 'knowledge'는 '알다.'를 나타내는 'to know'의 명사형이다. '알다(to know)'는 옳게 생각한다는 뜻이며, '지식'은 진리로 믿는 사실과 이해를 가리킨다. '알다.'와 '지식'에는 둘 다 '진리'와 '믿음' 그리고 사실이 관련된다. 그러나 과학사가 보여주듯이, 과학에는 절대적 진리로 이루어진 지식이란 없다.

실증주의에서는 과학지식의 구성요소로 과학적 사실, 개념, 법칙과 원리, 이론, 가설을 제시한다. 과학철학에서는 과학지식이 요소에 따라 과학적 연구를 통해 발견되고 구성된다고 본다. 〈표 4－3〉에서 과학지식 요소들의 속성은 관찰 · 측정을 통해 기술할 수 있는 가시적 특징을 말하며, 본성은 속성을 기반으로 추리하는, 본디부터 가지고 있는 성질을 가리킨다. 과학지식 요소들의 본체/실재는 그 속성과 본성으로 표현된다.

〈표 4-3〉 과학지식 구성요소의 속성과 본성

구성요소 / 본체(entity)	법칙(law)	이론(theory)	개념(concept)
속성(attribute)	사실(fact)	진리(truth)	실체(reality)
본성(nature)	진실(actuality)	진상(substance)	본질(essence)

〈표 4-3〉의 법칙·이론·개념은 각각 사실과 진실, 진리와 진상, 실체와 본질로 정의된다. 법칙은 자연에서 발견되며, 개념과 이론은 법칙을 설명하기 위해 구성된 설명체계다. 법칙·이론·개념 각각의 사실·진리·실체는 어느 정도 구체적으로 기술할 수 있으나, 각각의 진실·진상·본질은 정확하게 표현할 수 없다. 법칙·이론·개념으로 이루어진 과학지식도 그 사실과 진실, 진리와 진상, 실체와 본질을 정확하게 나타내지 못한다.

1) 과학적 사실과 진실

과학적 사실은 '관찰·측정·실험을 통해 수집한, 그리고 검증이 가능한 구체적 정보'다. 사실은 "흡연은 건강에 해롭다."와 같은 제도적 사실, "저 우리 안에 닭이 3마리 있다."와 같은 유일 사건에 관한 사실, "이 성경은 2,074쪽짜리이다."와 같은 사물에 관한 사실, "저 비커의 물이 98℃에서 끓었다."와 같은 진리에 관한 사실로 분류된다. 사실은 그 유형과 관계없이 모두 한 현상 또는 사건을 기술하는 단일 언명(simple statement)이며, 네 번째의 진리에 관한 사실만이 과학지식의 구성요소가 된다.

과학철학에서는 사실을 자연에서 관찰·측정·실험으로 얻은 자료를 해석한 단일 언명으로 규정한다. 그러나 "저 비커의 물이 98℃에서 끓었다."는 언명이 사실을 객관적으로, 또는 진실을 완벽하게 표현하지는 않는다. 이 언명에 관한 정확한 사실은 압력, 물의 밀도 등 물의 비등에 영향을 미치는, 관찰·측정·조작이 가능한 모든 변인을 함께 표현해야 한다. 이 언명의 사실에 관한 진실은 온도·물 등 비등에 관련된 모든 본체와 그에 의해 나타나는 현상을 관찰·측정·조작이 불가능한 아원자 수준에서 설명해야 한다. 사실의 진실은 사실을 표현하는 모든 자료를 바탕으로 추정할 수밖에 없는 의미로서, 어떤 과학적 방법으로도 알 수 없는 본질적 실재를 가리킨다.

사실과 그것을 표현하는 언명이 그 대상의 본질 또는 진실을 정확하게 표현하지 못하는 까닭은 관찰의 이론의존성에 있다. 핸슨에 따르면, 자연의 사물과 현상은 관찰자의 경험, 선행지식, 기대감에 따라 다르게 해석되고 기술된다. '해가 동쪽에서 떠서 서쪽으로 진다.'는 표현은 선행지식의 하나인 천동설 관점에 따라 보고 기술한 진술이다. 지동설 관점에서 본다면, '지구가 해를 향해 서쪽에서 동쪽으로 자전한다.'가 더 적절한 표현이다. 이와 같이 과학적 사실은 현상이나 사물의 상태를 기술할 뿐이지, 그 진리와 진상과 본질을 표현하지 않는다. 그래서 과학지식은 진실·진상·본질로 구성된 실재적 체계가 아니라, 기껏해야 사실·진리·실체로 표현된 잠정적 조직일 수밖에, 곧 언제라도 변할 수 있는 불안정한 상태일 수밖에 없다.

전통적 과학철학에서는 사실을 이성과 관찰에 기반한 기술적(記述的) 진술, 곧 과학적 진술로 여기며, 가치를 규범적·처방적 진술, 곧 윤리학적·수사학적·예술적 진술로 간주한다. 관찰의 이론의존적 속성은 사실과 가치의 관계에 대한 문제도 제기한다. 핸슨은 관찰의 이론의존적 속성을 근거로 절대론자들에 의한 사실과 가치의 구분을 거부한다. 흄을 비롯한 실증주의자들의 주장과 달리, 과학적 사실은 주관적 해석과 그 표현일 수밖에 없으며, 당연히 가치무관한 감각적 지각도 불가능하기 때문이다.

2) 과학적 개념의 실체와 본질

개념은 특정한 물체, 성질, 현상, 사건에 관한 공통적 생각이다. 과학적 개념은 구성된 관념으로서 물체, 성질, 현상, 사건에 관한 추상적 표상일 뿐이지 그 본질은 물론이고 그 실체조차도 정확하게 나타내지 않는다. '빛이 비친다.'에서 '빛'은 존재할 것으로 가정되는 '빛'의 실체를 부르는 이름일 뿐이지, '빛'이라는 용어가 '빛'의 실체나 본질을 정확하게 표현하지는 않는다. 본질은 데카르트가 말한 대로, "존재하기 위해 다른 어떤 것도 필요로 하지 않는 것"을 가리킨다. 즉 실체는 표현에 따라 변하는 속성이지만, 궁극적 존재인 본질은 변하지 않는 본성이다.

인식론에서는 개념을 물체·현상·기호의 준거속성을 일반화한 관념으로 정의한다. 한 범주로 분류된 모든 사물·현상·기호가 공히 나타내는 특성을 준거속성이라고 한다. 개념은 정의하기 어려운 준거속성을 총칭하기 위해 붙인 이름일 뿐이며, 그 실체나 본질, 곧 그 본체/실재를 정확하게 표현하지 못한다. '소'는 소를 가리키는 데 사용하는 용어일 뿐이다. 소의 실체는 다리, 털, 뿔

등 모든 가시적 특성으로 표현될 수 있는 속성을 말하며, 소의 본질은 결코 확인할 수 없는 소의 실체를 근거로 추정되는 진짜 소, 곧 소의 본체/실재를 지칭한다.

개념은 과학의 초기 발달 단계, 또는 개인의 초기 인지발달 단계의 사적 개념(conception)을 거쳐, 누구나 그 의미를 공유하는 공적 개념(concept)으로 발달한다. 사적 개념은 오개념 또는 오인(misconception)이라고도 한다. '전기는 쓰면 없어진다.'는 전기의 소모 개념은 전기요금을 계산하는 일상생활을 통해서 획득된, 전류를 전기에너지로 혼동해 생긴 오개념이다. 오개념은 인지적 구조에 논리적으로 연결되어 있어서 자연을 관찰할 때 패러다임의 역할을 한다. '순간속도'와 같이, 논리적 추리나 수학적 계산으로 도출한 개념은 구인이라고 한다.

3) 과학적 법칙과 일반화의 사실과 진실

과학적 법칙은 자연현상과 사물 사이의 불변적 관계를 보편성, 필연성, 그리고 일반성에 맞추어 표현하는 진술이다. 법칙은 원인과 결과의 필연적 관계로서 그 정의상 적용되는 범위가 넓고 어떤 예외도 인정되지 않는, 그 의미가 확정적인 진술이다. 그런데 과학지식의 구성요소에 관한 현대의 과학철학적 논의에서는 과학적 법칙이 거의 거론되지 않는다. 새로 발견된 과학적 법칙이 없어서인지 근래에 발견된 과학적 법칙에 대한 언급이 전혀 없고, 뉴턴의 만유인력 법칙과 같이 오래전부터 널리 알려진 과학적 법칙에 관해서만 진술되고 있다.

법칙은 자연현상에 나타나는 규칙성에 관한 감각적 자료로부터 귀납적으로 도출한 일반화로서, 규칙성의 일반화로 불리기도 한다. 법칙은 그 바탕이 된 사실과 그 사실에 나타난 규칙성을 기술하거나 그보다 더 하위적인 법칙을 설명하며, 새로운 사실을 예상하는 근거가 되고, 사실과 법칙을 설명하기 위해 구성할 이론의 골간이 된다. 과학적 법칙은 기능에 따라, 본질 법칙과 기능 법칙으로 대별된다. 본질 법칙은 물질과 계의 불변의 속성을 묘사하며, 특정한 식물 또는 바위에 관해 진술하는 법칙, 화학의 원소와 화합물을 기술하는 법칙이 좋은 예다. 기능 법칙은 물리학에 특징적인 법칙으로서, 물질과 계의 속성들 사이의 불변적 관계를 기술한다. 특히 원인과 효과를 나타내는 기능 법칙은 예상과 설명의 기능을 한다. 온도와 화학 반응의 속도 관계를 기술하는 아레니우스 법칙은 기능 법칙이다. 양자역학에서도 볼 수 있듯이, 과학이 발달할수록 과학적 법칙을 적용할 수 있는 영역은 좁아진다.

비유, 모형, 수학적 공식을 이용해 규칙성을 진술하는 법칙은 일반화/규칙성의 사실을 어느 정도 가시적으로 표현하지만, 그 진실은 정확하게 표현하지 않는다. 보일-샤를의 법칙을 나타내는 이상기체 방정식 V=nRT/P와 같이, 법칙을 간단명료하게 나타내는 수학적 공식도 기껏해야 사실의 근사치를 나타내는 비유적 모형일 뿐이지, 그 진실을 정확하게 말하지는 않는다. 보일의 법칙에 쓰인 온도·기체·부피도 과학자들이 만든 용어일 뿐이며, 그 진실은 물론이고 사실조차 정확히 나타내지 않는다.

법칙은 원리와 명확하게 구분된다. 법칙은 경험적이지만, 원리는 분석적이다. 법칙은 새 증거가 나오면 기각되지만, 원리는 어느 상황에서도 기각되지 않는다. 법칙은 몇 가지 사실적 진술을 바탕으로 일반화한 진술이지만, 원리는 자연현상이 일어나는 이치에 관한 보편적 진술이다. '물체의 무게를 물에서 재면 덜 나간다.'는 관찰 자료를 바탕으로 진술한 법칙이지만, '유체에 잠긴 물체는 잠긴 부피와 같은 부피의 유체의 무게만큼 가벼워진다.'는 법칙이 아닌 원리, 즉 아르키메데스 원리다. 뉴턴의 '만유인력 법칙'은 사실상 '만유인력 원리'다.

4) 과학적 이론의 진리와 진상

과학적 이론은 자연현상의 원인을 설명하고, 현상의 사실, 진리 또는 관련이 있는 사물의 실체를 묘사하고 해설하기 위해 과학자들이 모형과 비유를 사용해서 구성한 설명 체계다. 즉 과학적 이론은 자연의 현상과 사물에 관한 진리와 진상을 모형이나 비유를 사용해 기술하고 설명한다. 이론이 처음으로 제안될 때는 가설에 지나지 않으며, 수차례의 반복적 검증을 거쳐 확실하게 입증되어야 이론으로 일컬어진다. 이론은 자연에 대한 관찰·측정·실험을 통해 발견되는 사실이나 법칙과 달리, 과학자들이 구성한 것이다. 이론은 자연의 진리와 진상을 설명하는 수단일 뿐이지 진리와 진상 자체를 정확하게 표현하지 못한다.

이론이 가리키는 대상의 본체/실재는 감각적으로 지각할 수 없는 추상적 속성으로서 그것을 구체적 사물로 직접 보여줄 수 없어서, 어떤 과학적 이론도 그것이 지칭하는 본체/실재를 완벽하게 표현하지 못한다. 이론이 지칭하는 대상의 진리 또는 진상은 직접

기술할 수 있는 언어 자체가 없기 때문에, 그 본성은 그 속성을 바탕으로 추측해 상징, 모형 또는 비유로 기술할 수밖에 없다. 과학적 이론을 표현하는 모형 · 상징 · 비유는 그 이론의 진리나 진상과 잘 부합하는 것으로 간주되지만, 상징적이고 선택적으로 묘사하는 수단에 불과하다. 모형이나 상징 그리고 비유로 표현한 과학적 법칙이 '어떻게' 질문에 대한 답이라면, 과학적 이론은 '왜' 질문에 대한 답의 표현이다. 그래서 과학적 이론의 진리와 진상은, 그 사실과 진실을 진위로 말할 수 있는 과학적 법칙과 달리, 경험적 · 이성적 설명의 합당성 · 실용성 · 일관성, 즉 그 가치를 준거로 판단될 수밖에 없다.

제임스 왓슨(James D. Watson, 1928~)과 프랜시스 크릭(Framcis H. Crick, 1916~2004)의 DNA 모형이 과학적 이론에 사용된 좋은 예다. 원자 모형이 존 돌턴(John Dalton, 1766~1844), 존 톰슨(John Thomson, 1856~1940), 어니스트 러더퍼드(Ernest Rutherford, 1871~1937), 닐스 보어(Niels Bohr, 1885~1962), 그리고 에르빈 슈뢰딩거(Erwin Schrödinger, 1887~1961) 등을 거쳐 변화되어 온 과학사적 과정에서도 볼 수 있듯이, 과학적 이론을 표현하는 모형은 과학의 발달에 따라 새로운 것으로 대체되었다. 이는 모형이 이론을 표현하는 한 가지 수단일 뿐이지 이론의 진리나 진상 그 자체는 아니라는 것을 말한다. 이론을 표현하는 모형은 이런 특성 때문에 이론의 진리 또는 진상을 잘못 이해하는 원인이 된다. 대다수 학생들은 러더포드의 모형이 나왔을 때 그것을 진짜 원자로 받아들였다.

과학적 이론은 모형을 이용해서 또는 비유적으로 과학적 사실 · 개념 · 법칙을 설명하며, 과학적 이론의 각 구성요소들을 이용해서 그리고 갖가지 방법으로 자연현상의 원인을 설명하고 사물의 실체나 본질 또는 자연현상의 진리나 진상을 기술한다. 과학적 이론은 이런 설명적 기능에 따라 자연에 나타나는 사실과 규칙성을 예측하는 준거가 된다. 그러나 과학적 법칙과 다르게 관찰이나 다른 감각적 지각을 통해서는 직접 검증할 수 없고, 검증할 이론에서 도출한 가설의 검증을 통해 그리고 대부분의 경우 가설-연역적 방법을 적용해, 간접적으로 검증할 수밖에 없다. 진화론 · 원자설 · 상대성이론이 대표적인 과학적 이론이다.

5) 잠정적 법칙과 이론으로서 과학적 가설

과학철학에서는 과학적 가설을 과학지식의 구성요소에 포함시키기도 한다. 과학적 가설은 자연현상에 대한 관찰의 결과에 대한 잠정적이며 검증이 가능한 설명으로 정의되는데, 과학철학자에 따라서는 가설을 검증이 가능한 예상 또는 경험에 기반한 임시적 추측으로 규정하기도 한다. 과학적 연구에서는 가설을 관찰과 실험을 통해 검증할 수 있는 명제의 형식으로 진술한다. 특히 포퍼의 반증주의에 따르면, 일반성이 큰, 그래서 검증하기 쉬운 가설일수록 좋은 가설이다. 가설을 이와 같이 규정하면, 점쟁이들이 하는 말이나 지적설계의 주장은 과학적 진술로 볼 수 없다. '왜, 물질의 농도가 높으면 어는점이 낮을까?'는 검증 방법을 구체적으로 말해주지 않기 때문에, 좋은 가설이 아니다. 그리고 '기체의 압력과 부피는 반비례한다.'는 가설이 '공기의 압력과 부피는 반비례한다.'는 가설보다 더 좋은 가설이다. 앞의 가설의 일반성이 뒤의 가설의 일반성보다 더 크기 때문이다.

과학적 가설은 반복적 관찰・측정・실험을 통한 검증을 거쳐 확증되거나 입증된 정도에 따라서, 그리고 사실적 진술에 입각해 어느 정도 검증을 거치면, 검증된 명제에 따라 과학적 법칙 또는 과학적 이론이 된다. '공기는 부피를 줄이면, 압력이 늘어난다.'와 같이 진술된 가설처럼, 검증을 거쳐 확증되거나 입증되어 법칙이 되는 가설을 일반화 가설이라고 한다. 한편 '공기의 부피가 줄면, 공기 분자가 벽에 부딪힐 횟수가 늘어나 압력이 커진다.'와 같이 진술된 가설처럼, (간접적) 검증을 거쳐 이론이 되는 가설은 설명 가설이라고 한다. 일부 과학자들은 확실하게 검증이 안 되었다는 이유로, 다윈의 진화론을 아직도 가설을 뜻하는 '진화설'이라고 부른다. 오늘날 과학적 가설이 검증을 통해 법칙이 되는 경우는 거의 없고, 대부분의 경우 이론이 된다. 이런 관계 때문에, 이론은 사실, 이미 검증된 가설, 법칙에 의하여 합리적으로 정당화된 자연세계에 대한 설명으로 인식되기도 한다.

생각 정리하기

1. 과학적 사고와 관련이 있는 다음 주제에 관해 말하시오.
   1) 논리적 사고, 과학적 사고, 비판적 사고의 공통점과 차이
   2) 창의적 사고의 본성과 과학과 교육과정에서 과학교육의 목적으로 중요시한 이유
   3) 사고실험의 방법과 과학사적 사례

2. 과학적 사고와 관련이 있는 다음 주제에 관해 말하시오.
   1) 과학적 방법의 과학사적 발달 과정
   2) 귀납적 추리 방법과 귀납적 추리에 기반한 과학적 방법의 유형
   3) 연역적 추리 방법과 연역적 추리에 기반한 과학적 방법의 유형
   4) 과학실험의 목적, 방법, 적용상의 한계
   5) 과학적 연구와 과학적 탐구의 공통점과 차이점

3. 과학적 탐구 과정과 활동에 관한 다음 주제에 관해 말하시오.
   1) 과학적 탐구의 과정과 활동의 차이
   2) 기초 탐구 과정의 유형과 적용 목적 · 상황 · 방법
   3) 통합 탐구 과정의 유형과 적용 목적 · 상황 · 방법
   4) 탐구 활동의 유형과 적용 목적 · 상황 · 방법

4. 과학적 사실 · 법칙 · 개념 · 이론의 본체/실재에 관한 다음 주제에 관해 말하시오.
   1) 본체/실재의 의미
   2) 속성과 본성의 의미, 공통적 특성, 차이
   3) 속성의 구성요소인 사실 · 진리 · 실체의 의미와 실례
   4) 본성의 구성요소인 진실 · 진상 · 본질의 의미와 실례

5. 다음 과학지식 구성요소의 의미를 정의하고, 형성되는 방식, 그 실례를 제시하시오.
   1) 과학적 사실
   2) 과학적 개념
   3) 과학적 법칙
   4) 과학적 이론
   5) 과학적 가설

생각 나누기

1. 각자 일상생활에서 과학적으로 사고한 사례를 말하고, 과학적 사고가 필요한 상황을 정리하시오.

2. 각자 일상생활에서 과학적 방법을 활용한 사례를 말하고, 적절한 상황을 정리하시오.

제5장 과학 및 과학기술과 사회

과학과 과학기술은 그 기원과 목적이 다르다. 그러나 과학과 과학기술은 서로 밀접한 관계를 맺고 있을 뿐만 아니라 각각 사회와도 긴밀한 관계를 맺고 있다. 과학적 연구와 과학기술의 개발은 상호관계 안에서 과학자와 과학기술자에 의해 사회에서 이루어지며, 과학의 성과와 과학기술의 산물은 사회에 영향을 미친다. 과학과 과학기술의 속성에 관한 이러한 관점에 따라 과학사회학 및 과학지식사회학이 태동하고, 과학-기술-사회가 과학과 과학기술의 새로운 관점으로 제시되었다.

한편 과학과 과학기술은 사회에서 적용되는 과정에서 인간과 사회에 긍정적 영향을 미치기도 하지만, 윤리적·사회적·환경적 문제 등 부정적 효과도 낸다. 그런데 과학의 발전과 과학기술의 개발로 인해 생기는 환경적·윤리적 문제는 과학과 과학기술로 해결할 수 없다. 환경적·윤리적 문제는 가치가 개재된 상대적 속성이기 때문인데, 마침 종교적 가치와 생태신학적 성찰이 과학 및 과학기술로 발생한 환경적·윤리적·도덕적 문제에 관해 판단할 때 적용할 기준을 제공한다.

1. 과학 · 과학기술 · 사회의 상호관계와 영향

1960년대의 학문중심 과학 교육과정에서는 학습자보다 과학이라는 학문을 중심으로 한 교육을 강조했다. 전통적 과학이 1970년대까지는 과학기술과 혼용되었으며, 1980년대부터는 과학 · 과학기술 · 사회가 과학-과학기술-사회(STS; Science-Technology-Society)라는 새로운 이름의 종합적 개념도 형성되었다. STS(과학기술사회)는 과학 · 기술 · 사회의 상호관계를 나타내는 용어로서 현대의 과학철학에 이론적 배경을 둔 새로운 과학관 가운데 하나로 인식되기도 한다.

1) STS의 정의와 과학관

과학 · 과학기술 · 사회의 관계는 베이컨이 과학의 대중화 차원에서 처음으로 기술했으나, 그 의미는 20세기에 확립되었다. 과학 · 기술 · 사회의 관계는 아담 스미스(Adam Smith, 1723~1790)와 마르크스의 경제적 분석 결과, 찰스 디킨스(Charles Dickens, 1812~1870)와 에밀 졸라(Émile Zola, 1840~1902)의 사회적 의식을 고취한 소설에 의해서도 인식되기 시작했으며, 1917년 러시아 혁명을 통해 더욱 현실적 의미로 확립되었다. STS는 영국의 자이먼이 과학 · 과학기술 · 사회의 머리글자로 만든 용어다. 1970년대 이후에 발전된 핵발전소 · 컴퓨터 · 유전공학 · 정보기술이 STS라는 새로운 과학관에 관심을 갖는 계기가 되었다.

STS는 과학과 과학기술, 과학과 사회, 과학기술과 사회의 관계와 상호작용을 나타낸다. 1970년대 이후의 과학철학에서는 STS를 상대주의·합리주의·관념주의에 이론적 배경을 둔 과학철학의 한 학파인 과학사회학의 기반 위에 형성된 새로운 과학관으로 규정한다. 새로운 과학관의 하나로 확립된 STS는 생명윤리를 포함한 과학윤리의 특성도 나타낸다. STS가 처음 알려진 당시에는 일반과학기술사회학으로 인식되었으나, 1980년대 이후에는 일반과학학이나 일반과학기술학이 더 강조되었다.

STS는 상황기반(context-based), 또는 인본주의 과학으로도 불리며, 사회과학적 논쟁거리(SSI; socioscientific issues)와 구분된다. SSI는 STS 접근법과 관련된 패러다임이다. 줄기세포 연구, 유전공학, 환경오염 같은 SSI는 과학과 사회를 연결시키는 기능을 하고, 도덕적 원리와 가치가 함축되어 있으며, 과학적 주장, 논증, 개인적 문제와도 관련되어 있다. SSI는 과학기술과 개념적·서술적·절차적 관계를 맺고 있는 사회적 궁지로 규정되기도 한다. 사회적 궁지는 과학과 사회를 연결하는 다리 역할을 한다. 이러한 특성과 기능 때문에, 사회과학적 논쟁거리는 과학의 윤리적 측면에 관한 교육의 주제와 소재로도 유용하다.

2) 과학과 과학기술의 관계

전통적으로 과학은 자연현상을 이해하고 설명하기 위한 조직적 과학지식으로 규정되었으며, 과학기술은 인간의 삶과 생활에 필요한 산물·과정·도구·방법을 창안하기 위한 수단으로 정의되어 왔다. 또한 과학은 사고 과정과 그 결과로, 과학기술은 기예와 그 산물로 인식되었다. 과학사와 과학철학에 따르면, 고대의 인류문명은 자연에 과학을 적용함으로써 발생될 수 있었으며, 과학기술은 인류가 출현하면서 이용되었다.

과학의 목적은 자연에 대한 연구며, 과학기술의 목적은 과학지식을 이용한 실용적 문제의 해결이다. 과학은 자연에서 일어나는 현상을 설명하며, 과학기술은 과학을 적용하는 과정과 방법을, 또는 자연에서 제기된 문제의 해답을 제공한다. 또한 과학은 자연세계에 대한 체계적이고 객관적 이해를 추구하는 지식과 방법이며, 과학기술은 인간의 문제를 해결하기 위한 과학지식을 응용하는 수단이다. 이런 의미에서, 과학기술은 자연세계를 통제하고 변화시킬 때 이용하는 과학지식과 기능의 체계로 정의할 수도 있다. 이런 과학기술을 적용해 새롭고 획기적인 제품·도구·기계를 본격적으로 만들어낸 것은 19세기 중엽 이후부터다.

전통적 의미의 과학과 과학기술은 상보적 관계를 맺고 있다. 과학의 진보는 과학기술의 발달을 가져왔고, 과학기술의 발달은 새로운 과학적 통찰력을 제시해 과학의 한 단계 더 진보를 촉진했다. 미생물학의 발전이 인슐린을 다량으로 생산하는 과학기술을 발달시켰으며, 미생물을 이용하는 과학기술의 개발은 다시 유전자의 본질에 대한 새로운 시각을 제공해 분자유전학을 발달시켰다. 과학기술은 과학의 영역을 응용과학으로 이끌어주기도 한다. 마이클 패러데이(Michael Faraday, 1791~1867)의 전기공학 때문에, 러더퍼드와 엔리코 페르미(Enrico Fermi, 1901~1954)의 순수물리학이 응용된 핵공학 분야가 성립되었다. 세포핵을 이식하는 기술은 발생학에서 생명공학이 발달하는 수단이 되었다.

과학의 주된 활동은 연구며, 기술의 주된 활동은 개발이다. 이런 속성을 근거로, 전통적 의미의 과학과 과학기술은 통틀어 과학기술로 부르고, 그 주된 활동은 연구개발(R&D)로 통칭한다. 과학기술의 연구개발은 새로운 과학지식을 연구하고 새로운 도구·방법·수단을 개발하는 활동을 통틀어 일컫는 용어다. 과학기술은 또한 학문적 특성을 지니고 있어서 첨단과학기술을 뜻하는 기술과학(technoscience)으로 일컬어지기도 한다.

3) 과학·과학기술·사회의 관계와 상호작용

STS를 이루는 과학·과학기술·사회 가운데 과학은 과학기술에 응용할 과학적 법칙을 발견하거나 이론을 구성해 과학기술의 개발을 촉진하고 새로운 개발 방법과 방향을 제시하며, 사회에 새로운 통찰력을 제공해 사회적 문제와 그 해결책에 관해 과학적으로 사고하는 능력을 제공한다. STS 안의 과학기술은 과학이 나아갈 방향을 제시하며 과학의 범위와 깊이를 넓히면서, 과학지식을 응용해 사회에 필요한 여러 가지 도구·방법·물질을 발명하고 그에 따라 사회를 풍요롭고 편리하게 해준다. STS의 셋째 요소인 사회는 과학에 과학적 연구의 필요성과 목적을 제시하며, 과학기술에는 기술적 개발의 필요성과 그 방향을 제시한다. 사회는 또한 과학적 연구와 과학기술 개발의 동기를 부여하며, 행정적·재정적·정책적 지원을 통해 그 원동력을 제공한다.

과학이 과학기술을 통해 사회에 미치는 영향은 과학의 내적 영향이며, 사회가 과학기술을 통해 과학에 미치는 영향은 과학의 외적 영향이다. STS에서 과학기술은 과학과 사회를 연결하는 다리 역할을 한다. 과학의 내적 영향과 외적 영향은 각각 과학의 내적 사회성과 외적 사회성으로 나타난다. 과학의 내적 사회성은 물리학·화학·생명과학 등 과학 내의 여러 분야들의 관계, 과학자와 자연 사이의 상호작용, 다양한 분야의 교수나 과학자들 사이의 의사소통에 의해 드러난다. 과학의 외적 사회성은 과학자와 대학과 연구소의 관계, 과학자와 사회인 사이의 상호작용, 과학과 종교·수학·경제학 등 다른 학문 분야의 관계, 과학과 과학기술에 대한 국가나 사회의 행정적·재정적·법률적 지원 방법·절차·체제를 통해 나타난다.

2. 과학자의 일과 사회적 역할

과학자는 과학지식과 과학적 방법과 함께 세 가지 과학의 핵심적 구성요소 가운데 하나다. 과학자는 과학적 방법을 적용해 자연현상을 연구하고 이해하며, 자연현상에 관한 새로운 지식을 구성하는 사람이다. 그러나 사회에서는 흔히 과학자에 대한 의미와 과학자에 대한 기대와 과학자의 상을 잘못 이해하고 있다.

1) 과학자란?

'과학자'는 영국의 휴얼이 1833년 영국과학진흥협회(BAAS)가 주최한 학술회의 참석자를 지칭할 때 처음 사용한 말이다. 회의의 참석자는 대부분 과학에 관심은 갖고 있었지만 현대적 의미의 과학을 전문적으로 연구하거나 과학교육을 받은 현대적 의미의 과학자는 아니었다. 그들은 모두 자연철학자거나 철학자였다. 인류의 역사상 존재한 과학자의 90% 이상이 지금 21세기에 생존하고 있을 정도로 '과학자'는 근래에 만들어진 용어다.

과학자는 과학을 많이 알고, 끊임없이 과학지식을 갈망하며, 스스로 자연과 생명을 탐구할 능력이 있고, 일반인들과는 다른 전문적 질문을 던지고 그 답을 쉽게 찾을 수 있으며, 논리적으로 사고할 줄 아는 사람으로 그려진다. 즉 과학자는 머리가 뛰어나며 전문적 지식과 탁월한 연구 능력이 있고, 같은 분야의 다른 과학자들이 연구하는 내용도 잘 알고 있는 사람으로 인식되어 왔다. 그러나 현재는 이와 같은 전형적인 과학자보다 사회의 구성원으로, 또는 일반인과 다름없는 보통의 사람으로 받아들여진다.

물론 과학자는 자신의 임무를 효과적으로 수행하기 위한 전문적 자질을 가지고 있다. 과학자는 대학교와 대학원을 졸업했고, 석·박사 학위를 소지하고 있으며, 박사후연구원(postdoc) 과정을 거친 경력도 가지고 있다. 석·박사 학위가 과학자의 자격이나 자질을 가늠하는 잣대가 되거나 그의 연구에 직접적인 영향을 미치지는 않지만, 그는 학위 과정과 박사후연구원 과정을 거치면서 전공 분야의 전문가가 된 것이다.

과학자는 연구하면서 전문가 경력이 시작된다. 그는 실험하는 과정을 통해 전공 분야 과학지식의 발달에 공헌하며, 연구에 필요한 자질과 기능을 획득한다. 뛰어난 연구를 수행하기 위해서는 자신뿐만 아니라 연구원들을 통솔해야 하며, 다른 과학자들과 의사소통도 해야 한다. 한편 사회에서는 과학자도 일반인과 비슷한 특성을 나타내며, 과학적 연구에 대한 취향과 태도도 일반인들의 그것들과 다를 바 없는 것으로 인식된다.

2) 과학자가 하는 일과 역할

과학자는 연구자로서 연구실이나 실험실에서 연구를 하며, 직업인으로서 전문적 직업에 종사하고, 사회인으로서 사회적 활동도 한다. 첫째, 연구자로서의 과학자는 과학적 연구를 수행하고, 과학적 활동에 능동적으로 참여하며, 과학적 연구 또는 그 활동에서 얻어진 결과를 논문으로 작성해 국내외의 학술모임이나 학술지에 발표한다. 그에게 필요한 능력은 형식 교육을 포함한 사회의 제도적 규범과 일정한 절차를 거치면서 획득한 전문적 기능이다. 과거의 몇몇 과학자는 정통적 길을 밟지 않고 타고난 천재적 기질만을 바탕으로 큰 업적을 남기기도 했지만, 현대의 과학자는 대부분 학부에서 과학을 공부하고, 대학원에서 전공 영역의 박사학위를 받은 다음, 박사후 연구 과정과 전문적 연구에 몰두하는 절차와 과정을 거친다. 연구자로 활동하는 과학자는 순수과학자와 응용과학자의 두 부류로 나뉜다.

둘째, 직업인으로 봉직하는 과학자는 과학적 활동의 수행을 통해 과학의 발달과 과학지식의 발전에 공헌하며, 사회적으로는 인정을 받고 개인적으로는 승진이라는 보상을 받는다. 과학자는 논문을 발표해 보일의 법칙, 아르키메데스의 원리와 같이 그의 이름을 인정해 주는 보상도 받는다. 특히 공공기관이나 기업체의 연구소에 근무하는 과학자는 일정한 직책과 그 직책에 따른 지위를 누리며 직책의 수행에 합당한 보수를 받고, 승진하려고 온갖 노력을 다하는 직장인의 역할을 수행한다. 대학교의 과학 분야 전공 교수도 그의 업적에 따라 성과급을 받는데, 성과급의 판단에 가장 큰 비중을 차지하는 기준은 연구의 업적이다. 과학자는 과학지식을 형성・검증하고, 생활을 편리하고 풍족하게 하며, 사회를 개선한 공로로 보상을 받는다.

셋째, 과학자의 과학적 활동은 순수한 호기심만을 만족시키기 위한 자율적 활동이 아니고, 자연의 진리를 추구하기 위한 개인적 활동만도 아니며, 대부분 사회적 상황에서 일어난다. 과학자는 누구나 다른 과학자의 업적에 바탕을 두고 연구하며, 연구소나 학회와 같은 과학사회의 일원으로서 사회적 역할을 한다. 그는 전문적 식견을 가지고, 여러 가지 방법으로 사회적 문제에 관여한다. 과학자는 대학원생의 지도교수나 연구책임자의 임무를 맡기도 하고, 학술대회・세미나에서 발표하며, 과학과 관련된 문제의 해결과 과학적 기술의 개발에 관해 자문하기도 한다. 그는 국가나 과학사회의 요구에 따라 과학기술 관련 문제를 직접 해결하기도 한다. 과학자가 수행하는 과학적 활동은 사회적 구성원으로서의 과학자와 그의 사회적 기능 및 역할에 대한 이해가 없이는 과학을 올바로 인식할 수 없음을 보여준다.

3) 과학자의 의무와 책임

과학자의 의무와 책임은 사회적・전문적・윤리적 상황에 따라 다양한 의미로 정의된다. 전통적으로 과학자는 순수한 호기심을 가지고 있으며, 자신의 지적 만족감을 충족시키기 위해, 또는 연구 그 자체를 위해 연구하는 사람으로 여기어졌다. 그러나 오늘날에는 사회의 일원으로서 연구를 하며, 그 과정에서 정직성·진실성 등 지켜야 할 의무가 있고, 그와 아울러 윤리적 기준을 준수해야 하며, 그의 연구가 공공사회·인간·환경에 끼친 부정적 영향에 대해서는 사회적 책임을 져야 하는 사람으로 인식된다. 오늘날의 과학자에게는 과학적 연구나 과학기술 개발의 결과에 대해 져야 할 윤리적·도덕적 책임도 요구된다.

과학자의 역할은 전문기획자, 과학사회의 일원, 과학기술자, 전문가의 역할로 대별된다. 전문기획자로서의 과학자는 뛰어난 과학적 업적을 이루고자 노력하고, 그 업적을 인정받기 위해 논문이나 저서로 발표하는 등 온갖 노력을 다하는 연구자이자 실행자다. 과학사회 구성원으로서의 과학자는 과학이 사회에 미치는 영향이나 그것을 응용해 나타나는 부정적 결과에 대해 응분의 책임을 진다. 산업계에서는 과학자를 과학기술자(technologist)로 취급하기도 하는데, 연구소의 과학자들은 조직의 일원으로서, 또는 회사원으로서 회사나 고용주의 정책을 실행하거나 그 목적을 달성하기 위해 연구한다. 전문가로서 과학자는 대학교에서 석·박사 과정을 거치면서 과학지식을 많이 알게 되고, 과학적 방법에도 익숙해져 있으며, 학부생은 물론이고 대학원의 석·박사 학생들을 전문적으로 지도한다.

연구자·전문직업인·사회인으로서의 역할을 하는 과학자에게는 언제나 의무와 책임이 따른다. 자연현상을 설명하거나 그 이해에 도움을 준 과학자는 명예를 얻지만, 그것을 이용함으로써 인간에게 해를 끼친 결과를 초래한 과학자는 책임도 져야 한다. 전통적 과학철학과 과학에서는 과학지식을 구성한 과학자에게는 어떤 책임도 묻지 않았다. 과학자는 논리적 추리를 통해 자연법칙을 발견하고 그렇게 발견된 과학지식과 자연에 존재하는 원리를 이용해 과학의 발달에 공헌하고 있다는 생각에서였다. 그러나 과학자는 연구소나 대학에서 의무와 권한을 행사하되, 그 결과에 대해서는 책임을 져야 한다는 것이 오늘날의 인식이다.

3. 과학 및 과학기술 윤리

과학의 발전과 과학기술의 발달로 인해 개인·사회·국가에 미치는 영향이 점점 더 커지며, 그럴수록 도덕적 가치 판단을 요구하는 문제도 가파르게 늘어난다. 과학기술의 발달에 수반되는 영향에 대한 책임도 다루는 과학윤리 및 과학기술윤리의 문제는 과학적 연구가 수행되거나 과학기술이 개발되는 과정에서 가장 많이 생겨난다. 오늘날에는 인공지능 및 빅데이터와 관련된 알고리즘 편향성, 유전자 조작(GMO)과 유전자 편집(CRISPR) 그리고 줄기세포 복사에 의한 인간 존엄성 침해, 사생활 침해 등과 관련된 과학윤리적 문제가 대두되고 있다. 우리나라에서는 과학과 관련된 윤리적 문제가 1997년도에 공개된 복제양 돌리(Dolly)의 탄생으로 국제사회적 관심이 고조된 상황에서, 한 과학자의 줄기세포에 관한 논문 조작 사건으로 인해 생명윤리적 문제가 학문적 영역을 벗어나 국가적·국제적 논쟁거리로 번졌다.

1) 윤리학과 생명윤리

윤리학은 철학의 한 분야로서 도덕철학으로 불리기도 하며, 대상에 따라 다양한 의미로 해석되고 정의된다. 윤리학이 학문적으로는 도덕 및 개인이나 집단이 선택한 도덕적 선택의 본성을 다루지만, 일상적으로는 행위의 옳고 그름과 개인의 선과 악을 다룬다. 과학윤리는 행동과 행위의 도덕적 질을 다루며, 윤리적 원리를 과학적 연구와 그 결과에 적용하는 윤리학의 한 분야다. 과학윤리는 과학자에게 정직성·성실성 등 윤리적 가치를 제공한다.

생명윤리학은 철학에 비해 비교적 최근에 확립되었다. 생명윤리학은 1971년대 미국의 의학자 반 포터(Van R. Potter, 1911~2001)가 생명과학의 발달로 생겨나는 도덕적·사회적 문제에 관한 학문을 뜻하는 말로 처음 사용했다. 오늘날에는 생명윤리학이 생명과학 지식과 가치 체계를 연결하는 새로운 학문, 또는 생명체를 이용하는 연구와 관련이 있는 윤리적·도덕적 문제 및 의사결정에 관한 학문으로 정의된다.

2) 과학지식과 과학기술의 응용 관련 윤리적 문제

과학 및 과학기술과 관련된 윤리적 문제는 국가나 사회에서 R&D의 연구비 지원을 결정할 때도 생긴다. 연구개발비를 받을 대상자와 액수를 결정할 때 주관적 판단이 개입될 수 있다. 그때의 주관적 판단은 윤리적 문제의 원천이 될 뿐만 아니라 기존의 윤리학 범위를 더욱 확장·분화시키는 단초가 되거나 새로운 윤리학으로 확대되어 확립되는 계기가 되기도 한다.

과학의 윤리적 문제가 생기는 가장 핵심적이면서도 보편적인 출처는 과학지식을 응용하거나 과학기술을 적용하는 과정이다. 1997년 2월 「네이처」지에 발표된 복제양 돌리는 유전공학의 개가였던 반면에, 과학기술의 발달로 생겨난 윤리적인 문제의 극치였다. 인간의 배아에서 추출한 줄기세포를 이용한 인간의 복제도 생명의 존엄성과 관련된 윤리적 문제를 제기한다. 안락사·뇌사에 관한 판단도 인간의 존엄성과 관련된 윤리적 문제를 유발한다. 오늘날에는 유전자 편집, 불필요한 동물의 무차별적 실험 등에 심각한 윤리적 문제가 대두되고 있다.

오늘날에는 인공지능(AI)의 급속한 발전에 의해서도 윤리적 문제가 생겨난다. 인공지능과 관련된 윤리적 문제로 알고리즘의 공정성과 편향성, 프라이버시 침해, 일자리 및 사회적 영향, 환경적 영향, 오용 및 남용 등이 널리 논의되고 있다. 인공지능이 여성, 특정 인종이나 집단에 불리게 평가하거나 차별적인 결과를 초래할 수 있다. 인공지능은 대량의 데이터가 의도치 않게 수집·저장·활용되어 개인정보가 유출되거나 사생활이 침해될 수 있다. 인공지능은 로봇에 적용되어 자동화 기술의 획기적인 발전으로 대량 실업, 특히 청년 일자리의 급격한 감소의 가능성이 증가되고 있다. 인공지능은 과도한 에너지 소비 환경문제를 유발할 수 있으며, 킬러 로봇과 같은 군사적 목적에 사용될 수도 있다.

과학기술이 사회와 환경에 미친 영향을 평가하거나 과학적 연구 결과를 특정 정치적 이념을 지지하기 위해 이용할 때도 윤리적 문제가 생겨난다. 과학기술이나 과학지식을 응용할 때도 지역과 이익집단에 따라 긍정적 영향을 끼치거나 부정적 효과를 낸다. 오늘날에는 이 가운데서 과학적 연구가 사회에 미치는 부정적 효과만을 윤리적 문제로 보는 경향이 있다.

3) 과학적 연구 관련 윤리적 문제

사람을 대상으로 하는 의학적·약학적·심리학적·교육학적 연구는 위험이 따르기 마련인데, 그것이 곧 윤리적 논쟁거리가 될 수 있다. 상처받기 쉬운 모집단을 참여시키는 연구에서는 그들을 보호해야 할 조치를 계획 단계에서부터 강구해야 한다. 연구의 대상자의 지적 성취도, 생활양식, 가치관은 다른데, 그 차이가 참여자에게 정신적으로나 신체적으로 상처를 입힐 수 있다.

동물을 대상으로 하는 연구에서도 윤리적 문제는 생겨난다. 동물에게 고통을 주어 윤리적 원리를 위반하는 실험은 윤리적 문제의 근원이 된다. 이 문제는 상해를 입은 동물에 대한 연구자의 책임을 주장하는 제러미 벤담(Jeremy Bentham, 1748~1832)의 공리주의 및 생태학적 세계관과 관련되어 있다. 생명과학 연구에서는 동물의 권리, 고통, 복지에 대한 고려도 요구된다.

대학교 실험실에서는 교수들이 인격적 모욕, 언어적·신체적 협박, 야만적 행위, 도둑질, 신체적 폭행, 성적 희롱으로 조교나 학생들을 괴롭힐 수 있다. 그런 비윤리적·비도덕적 불법 행위를 알고서도 묵인하거나 상부기관에 보고하지 않는 것도 비윤리적이다. 비윤리적인 불법 행위를 고발하는 사람을 내부고발자라고 하는데, 그의 역할도 윤리적 문제를 유발할 수 있다.

4) 과학적 연구 결과 발표 관련 윤리적 문제

윤리적 문제는 연구의 결과를 보고서로 작성하거나 발표하는 과정에서도 생겨난다. 연구의 결과는 종합적으로 그러나 간단하게 발표해야 하며, 변인 또는 주제에 따라 여러 편의 논문으로 나누어 발표하는 것은 연구의 원칙에 어긋난다. 한 연구의 결과를 몇 개로 나누어서 게재하는 발표를 부분발표라고 한다.

과학과 관련된 윤리적 문제는 하나의 과학적 연구의 결과를 여러 번 발표할 때도 생긴다. 한 연구의 결과는 단 한 번에, 그리고 한 편의 논문으로 작성해서 발표하는 것이 정상이며, 여러 번 발표하는 경우 중복발표라고 한다. 논문의 발표와 관련된 윤리적 문제들 가운데에서 중복발표보다 더 심각한 문제는 동일한 논문을 동시에 여러 학술지에 보냄으로써 생기는 자기복제다. 한 가지 논문을 동시에 여러 학술지에 보내면, 두 가지 이상의 학술지에, 또는 논문을 보낸 모든 학술지에 발표될 수도 있다.

표절(剽竊), 흉내내기, 쪽매붙이기도 윤리적 문제를 제기한다. 표절은 다른 과학자가 수행하여 얻은 연구의 결과를 자기 것인 양 발표하는 경우이며, 흉내내기는 다른 보고서의 글을 출처도 밝히지 않고 옮겨 쓰는 경우다. 쪽매붙이기는 여러 출처에서 서로 다른 내용을 부분적으로 베껴 하나의 체계적인 내용으로 조직하는 방법으로서 비윤리적이다.

연구비를 받고 수행하는 연구나 대학원생으로서 대학교의 시설과 지원으로 학위논문을 작성했을 때는 그 과정에서 얻은 특허와 판권이 문제가 될 수도 있다. 국가나 소속 기관에서 연구비를 지원할 때는 판권과 특허권을 연구자에게 일임하지만, 학위논문의 판권과 그 과정에서 획득한 특허권은 대학교에 귀속되는 것이 원칙이다. 대학교 교수가 획득한 특허권과 그가 쓴 책의 판권은 연구비를 받은 기관, 또는 대학교에 따라 다르다.

공동연구의 선임연구자와 공동저자 가운데 앞에 내세울 저자를 정할 때도 윤리적 문제가 생긴다. 연구에는 참여했으나 논문을 쓰거나 발표할 때는 참여하지 않은 연구자를 공동연구자로 포함시킬 것인가? 공동연구자나 공동저자의 이름을 어떤 순서로 나열할 것인가? 이런 질문에 대한 답은 다 윤리적 문제가 된다.

4. 과학과 종교의 관계

종교와 신앙은 과학의 대상인 자연과 그 현상을 직접 이해하는데 별다른 도움이 되지 않는다. 한편 과학은 종교와 신앙의 주된 관심 영역인 인생에서 중요한 것, 삶의 목적, 바람직한 삶을 위해 선택해야 할 것과 그 기준, 옳고 그름의 판단에는 절대적 한계가 있다. 그러나 종교와 과학은 두 영역을 융합해서 생긴 간학문적 접근법을 적용하면 두 영역 사이의 상호보완적 관계를 확인하고 그에 따라 각 분야에 대한 더 깊은 이해를 추구할 수 있다. 아인슈타인도 "종교가 없는 과학은 절름발이며, 과학이 없는 종교는 장님이다."라는 말로 종교와 과학 사이의 상호보완적·상호작용적 관계를 지적했다. 이 절에서는 종교와 과학의 관계 변화, 관계 모형, 현대의 종교와 과학의 관계를 알아본다.

1) 자연철학 속의 종교와 과학

고대 그리스 시대에는 과학과 종교가 자연철학에서 분리되지 않아서, 세상의 신비도 자연철학에서 다루어졌다. 자연철학은 세계의 신비에 관해 질문하고, 의문을 던지며, 호기심을 갖고 설명하는 행위와 태도로 종교에 맞서는 측면도 있었다. 소크라테스 이전 학파들이 자연에 관한 설명을 추구하는 과정에서 이런 접근법을 처음으로 시도했다. 과학은 이와 같이 자연과 그 안에서 일어나는 현상의 신비를 탐구하고 이해하려는 노력에서 시작된 것이다. 과학이 본격적으로 시작되면서 신 자체와 신에 관한 진리가 신의 창조를 통해서 우리에게 계시되었다는 믿음도 증가했다. 오늘날에도 특히 과학주의는 환원주의 입장을 받아들여 신과 신에 관한 진리조차도 과학의 대상으로 삼아야 한다고 주장한다.

갈릴레오는 종교와 과학의 관계에 관한 생각을 표명하기에 앞서, 자연에 관한 논의는 성경에 기록된 내용과 장소의 권위가 아니라 실용적 실험과 필요한 논증에서 시작되어야 한다고 강조했다. 갈릴레오는 과학을 종교의 대안이 아니라, 불가분의 관계에 있는 종교의 한 부분이라고 주장하기도 했다. 칸트를 포함한 17-19세기의 근대 과학자들은 갈릴레오와 마찬가지로, 자연에 관한 설명의 도구에 꼭 신을 포함했다. 그러므로 그들이 펼치는 자연철학은 그 이름에 걸맞지도 않게, 신학적이면서도 과학적이었다.

자연철학에서 분리된 19세기 독일의 신학에서는 사실과 가치를 분리한 칸트의 영향을 받아 종교와 과학을 진리에 따라 구분했다. 종교적 진리나 신학적 진리는 주관적이지만 실존적 의미를 규정하는 가치 선언을 가리키며, 과학적 진리는 경험적 관찰에 근거한 사실적 진리를 일컫는다. 특히 초자연적 의사소통을 통해 계시되는 진리에 의거하면 종교적 신앙과 과학은 뚜렷하게 구분되며, 그럴 경우 종교와 과학의 주장은 각기 영역에서만 진리가 된다. 과학과 종교가 이렇게 진리로 구분된다면, 종교와 과학 사이에는 갈등이 생길 수 없다고 가정할 수도 있다. 종교와 과학의 진리는 이처럼 차이를 드러내지만, 자연철학 안에서는 종교와 과학이 서로 모순되지 않고 오히려 상호보완적 관계였을 수도 있다.

2) 종교와 과학의 차이

종교와 과학은 각각 종교적 신앙과 과학적 탐구를 통해 진리의 절대적 확실성을 담보하지 못하는 공통적 특성을 갖는다. 그러나 종교와 과학은 종교가 초자연적 세계 및 초자연적 세계와 자연의 관계를 신앙의 대상으로 삼고 있음에 비해, 과학은 자연세계를 연구와 탐구의 대상으로 삼고 있다는 점에서 차이가 있다. 종교와 과학은 진리를 탐구하고, 체계적으로 접근하며, 끊임없이 질문하는 공통적 특성도 지니고 있지만, 각각 서로 분명하게 구분되는 실체적 영역이다. 종교의 영역은 윤리성과 영성이며, 과학의 영역은 창조세계의 물질계다.

종교와 과학은 추구하는 목적, 질문과 답에도 차이가 있다. 종교는 창조자 신을 추구하며, 과학은 신이 만든 자연세계의 질서와 존재를 추구한다. 종교는 신에 관해 '왜'에 합당한 문제를 제기하며, 과학은 자연세계에 대한 '어떻게'의 질문을 던진다. 과학은 진화론을 근거로 다양한 생물체의 존재와 무생물로부터의 생성에 관한 방법을 설명하지만, 생물체 존재의 의미와 그 목적에 관한 질문에는 답하지 못한다. 과학은 또한 빅뱅으로 우주의 기원에 관해 기술하고 설명하지만, 빅뱅의 원인과 목적 또는 빅뱅 전의 물질과 에너지에 관한 질문에는 이해될 만한 답을 제시하지 못한다. 생명체의 존재 목적과 이유, 빅뱅의 목적과 이유 그리고 그 원인 물질과 에너지는 종교적·신앙적 설명의 대상이다.

종교와 과학의 차이는 각 영역에서 다루는 대상의 존재론적 속성에서도 드러난다. 자연에 '무엇이 있어야 하는지'는 종교의 영역이며, '무엇이 있는지'는 과학의 대상이다. 종교는 인간의 사고와 행동이 지향하는 가치를 대상으로 하지만, 과학은 자연에 관한 객관적 사실과 사실들의 관계를 다룬다. 이런 주제에 대한 종교지식과 과학지식은 각각의 영역에서는 진리가 된다. 종교와 과학 사이에 갈등이 생긴다면, 그 원인은 각자의 고유한 준거에 따라 다른 영역의 진리를 판단하기 때문이다.

종교적 설명은 자유로운 해석이 허용되지 않는 불변적 계시 교리를 이용하지만, 과학은 다종다양한 설명이 가능하며 새로운 증거가 제시되는 즉시 바뀐다. 과학과 종교는 각 영역에서 추구하는 사실과 가치의 차이뿐만 아니라 각 영역에 해당되는 근접적/이차 원인과 궁극적/일차 원인의 차이가 크기 때문에, 어떤 방법을 적용할지라도 두 영역 사이의 소통이 어렵다. 랭던 길키(Langdon Gilkey, 1919~2004)는 종교와 과학의 특성에서 드러나는 차이를 〈표 5-1〉과 같이 요약해 제시한다.

〈표 5-1〉 종교와 과학의 다른 특성

종교	과학
세상의 질서와 아름다움, 죄의식 · 불안 · 용서 · 신뢰 등 내면적 삶에서 겪은 경험에 대해 질문한다.	객관적, 공개적, 반복적 자료에 대한 설명을 추구한다.
의미와 목적, 궁극적 기원과 운명에 대해 '왜'라는 질문을 한다.	객관적인 '어떻게'라는 질문을 한다.
종교의 최종 권위는 계몽과 통찰을 받은 개인을 통해 이해되고 자신 안에서 입증되는 신과 계시다.	과학에서 권위의 근거는 논리적 일관성과 실험적 적절성에 있다.
신이 초월적이기 때문에 상징과 비유적 언어를 사용해야만 한다.	실험적으로 검증될 수 있는 양적인 예측을 한다.

종교적 전통은 주관적 · 폐쇄적 · 지엽적 · 무비판적인 반면에, 과학은 객관적 · 개방적 · 보편적 · 발전적이다. 종교지식과 과학지식은 인간에 미치는 영향에도 차이를 드러낸다. 종교지식은 삶의 규범을 제공하며, 특히 종교적 진리는 순종을 요구한다. 반면에 과학지식은 탐구자의 지적 요구를 충족시켜 줄지언정 그의 삶에는 별다른 영향을 직접 미치지 않는다. 종교와 과학은 인간의 이해를 서로 다른 방법으로 설명한다. 종교의 핵심적 목적은 도덕적 가치와 궁극적 의미의 제시에 있으며, 과학의 일차적 목적은 분명하게 확인되는 관찰 · 측정에 의한 경험적 증거에 바탕을 둔 자연현상의 기술과 해명에 있다.

인간 사고의 대상에 비추어 볼지라도, 종교와 과학은 서로 배타적일 정도로 확연하게 구분된다. 과학은 창조세계의 현상과 질서를 연구하며, 종교는 인간의 궁극적 관심 및 그와 관련된 윤리와 도덕을 다룬다. 종교와 과학이 명확히 분리된 상태에서는, 종교는 가치 판단 이외의 모든 합리적·이론적 표현을 부정하며, 과학은 종교의 절대적이지만 관대한 관점을 거부한다. 이와 같이 종교와 과학이 서로 뚜렷하게 구분될 경우, 종교와 과학은 서로를 거부함으로써 둘 다 우주와 생물의 기원 또는 진화와 같은 두 영역이 동시에 추구하는 목적 '천지창조/우주의 기원'에 관한 이해와 앎의 목적을 달성하지 못하게 된다.

종교와 과학은 둘 다 믿음을 바탕으로 탐구하지만, 믿음의 대상과 방법은 다르다. 종교는 자연세계의 창조자 신을 믿으며, 그 신에 대한 믿음에 따라 종교적 신앙을 이어간다. 과학은 그 존재와 실체에 대한 가정을 전제로 자연세계를 탐구하고, 과학적 방법의 객관성과 타당성을 확신하며, 연구의 결과에 관한 의사소통 과정의 정당성도 신뢰한다. 과학은 과학적 방법이나 의사소통에 대한 가정과 같이 과학적 방법을 적용해 입증할 수 없는 대상은 그 존재를 가정할 수밖에 없으며, 그러한 가정은 신뢰도 면에서 종교적 믿음과 다를 바 없다.

3) 종교와 과학의 관계 모형

이안 바버(Ian G. Barbour, 1923~2013)는 비판적 실재론의 입장에서 과학과 종교의 관계를 갈등, 독립, 대화, 통합의 네 가지 모형으로 분류한다. 바버는 과학과 종교가 자기만을 진리의 출처로 보면서 서로를 배제하는 갈등 모형의 예로 과학적 유물론과 성경적 문자주의를 들며, 과학과 종교를 서로 다른 영역이라고 구분하는 분리 모형 또는 두 언어 이론으로 불리기도 하는 독립 모형의 예로 신정통주의와 실존주의를 제시한다. 과학과 종교는 대화와 상호작용을 통해 더 깊이 이해할 수 있다고 설명하는 대화 모형의 예로 칼 라너(Karl Rahner, 1904~1984)의 설명을, 그리고 과학과 종교의 두 진리를 하나의 전체로 통합할 수 있다는 통합 모형의 예로 자연신학, 자연의 신학, 과정철학을 든다.

갈등 모형은 과학과 종교가 서로 배타적 관계에서 대립하며, 과학과 종교가 각자 자신의 영역만이 진실이고 다른 영역은 허위라고 주장한다. 과학적 유물론이 설명하는 진화론과 성서문자주의가 제시하는 창조론이 대표적 예다. 과학적 유물론은 과학자만이 과학적 방법을 적용해 자연세계의 진리와 실체 그리고 그 진상과 본질을 드러낼 수 있다고 주장한다. 특히 크릭과 리처드 도킨스(Richard Dawkins, 1941~)를 포함해 환원주의를 맹목적으로 표방하는 과학적 유물론자들은 자연현상을 물질의 구성요소로 환원해 설명할 수 있다고 가정한다. 그러나 성서문자주의는 창세기 1장의 창조이야기를 문자적으로 해석해 신이 우주와 그 안의 만물을 창조했다고 주장한다. 또한 지적설계론은 과학을 절대화한 의사과학(pseudoscience) 관점을 통해 성경을 자칭 '과학적으로' 해석하고 창조자에 관해 이해하려 한다.

독립 모형의 설명에 따르면, 과학은 자연세계를 다루고 종교는 의미와 가치를 다루며, 그래서 과학과 종교는 목적과 방법 그리고 사유(思惟)도 다르다는 점에서 두 영역을 분리할 수 있다. 이 모형은 각각 독특한 규칙과 언어를 지니고 있기 때문에 서로 각기 다른 질문을 추구한다고 설명하며, 그래서 '두 언어 이론'으로 불리기도 한다. 과학과 종교가 각자 독립적이고 자율적으로 서로 무관하면서도 각자의 영역에서 동시에 진리일 수 있다고 설명한다. 그러므로 과학은 종교적 신념을 간섭할 이유가 없으며, 종교도 과학의 연구를 간섭할 이유가 없다고 본다. 미국국립과학원(ANAS)에서는 1981년 정책 강령을 통해 종교와 과학은 서로 분리되고 상호 배타적 사고의 영역으로, 이 둘을 동일한 맥락에서 다루려는 시도는 과학적 이론과 종교적 신앙에 대한 그릇된 오해를 불러일으킨다고 선언했다. 그러나 과학과 종교는 과학의 진화론과 신학의 창조론에서도 볼 수도 있듯이 서로 겹치는 주제도 갖고 있다.

대화 모형은 과학과 종교가 공동의 질문에 답하기 위해 서로 협력할 수 있으며 공통 진리를 매개로 대화할 수 있다고 가정하면서, 과학과 종교는 대화를 통해 서로를 이해시킬 수 있을 뿐만 아니라 서로에게 통찰을 제공할 수 있다고 설명한다. 과학은 과학지식을 통해 종교적 신앙을 심화시키고 종교적 신앙은 과학적 연구나 탐구에 새로운 질문을 던질 수 있다는 설명이다. 대화 모형을 지지하는 실존주의와 신정통주의 그리고 실증주의는 과학을 객관적 속성으로 묘사하는 반면에, 종교의 본성은 주관적 속성으로 여겼다. 그들은 또한 과학과 종교의 관계가 완전히 대립적이지 않고 분리되어야 할 정도로 배타적이지도 않으며, 대화를 통해 공동의 진리에 접근할 수 있다고 생각한다.

통합 모형은 과학과 종교의 진리가 서로 보완해 하나의 종합적 이해를 제공하며, 그리고 과학적 이론을 신학적 교리와 통합할 수 있다고 믿고, 종교적 중요성을 과학적 이론과 맥락에서 본다. 과학과 신학은 과학적 이론이 종교적 신앙에 영향을 줄 때 또는 두 영역 다 일관된 세계관이나 체계적인 형이상학의 형성에 기여할 때 더욱 직접적 관계를 맺고 통합할 수 있다고 주장한다. 통합 모형에 따르면, 과학과 종교는 종합적 형이상학 안에서 세계관에 함께 기여해 조직적으로 통합될 수 있다. 자연세계에서 창조의 증거를 찾아 창조주 신의 존재를 확인하는 자연주의 방법이 그런 예의 하나다. 이상에서 기술한 갈등・독립・대화・통합의 네 가지 모형을 요약하면 〈표 5−2〉와 같다.

〈표 5-2〉 갈등 · 독립 · 대화 · 통합 모형의 비교

모형	주장	실례
갈등	자신의 영역만 참	진화론 대 창조론
독립	과학은 '어떻게'를 기술, 종교는 '왜' 질문을 설명	굴드의 NOMA
대화	은유, 윤리에 대한 대화	우주의 기원에 대한 대화
통합	과학과 신학의 통합	자연신학, 과정신학

진화생물학자 스티븐 제이 굴드(Stephen J. Gould, 1941~2002)는 종교와 과학이 서로 독립적 영역이기에 충돌하지 않는다고 설명하는 '겹치지 않는 교도권(NOMA; Non-overlapping Magisteria)'을 제시했다. NOMA 원리에 따르면, 과학과 종교는 서로 각자 독립적 영역으로 존재하기 때문에 서로 간섭할 필요가 없을 정도로 분명하게 구분된다. 과학은 우주의 경험 가능한 영역의 사실과 이론에 관한 '어떻게' 질문의 답을 추구하며, 종교는 궁극적 의미와 도덕적 가치에 관한 '왜'라는 문제를 다룬다. 이 관계 모형은 특히 가톨릭 신앙과 진화론이 충돌하지 않고, 오히려 상호작용을 통한

상호발전의 가능성을 강조한다.

과학과 신학의 관계에 대한 이상의 다섯 가지 모형 가운데 독립・대화・통합 모형, 그리고 NOMA 모형은 과학과 신학에 의한 간학문적・학제적 학문을 구성하는 모형으로 이용할 수 있다. 실제로 근래의 과학과 신학의 관계에 관심을 가진 과학자와 신학자는 철학을 근간으로 또는 철학을 토대로 과학신학이라는 새로운 학문을 구성하고, 과학신학적 접근법에 따라 과학 또는 신학을 탐구한다. 과학신학에서 자연을 통해 신의 존재와 그에 관한 진리를 탐구할 때는 과학적 방법 대신에 과학적 실재론의 방법론과 관점을 적용하며, 계시와 성경을 바탕으로 그 진리를 이해하려 할 때는 신앙과 믿음 대신에 비판적 실재론과 관점을 적용한다.

4) 현대사회에서 종교와 과학

종교와 과학은 17세기의 자연철학에서도 볼 수 있듯이, 종교에 관한 과학적 탐색이라는 공동과제 안에서 다각적으로 연결되어 있다. 종교와 과학은 현저한 대조를 이루지만 서로 배타적이지는 않고, 지식이라는 공동의 목표를 고리로 긴밀하게 연결되어 있다. 우주와 생명을 비롯한 온갖 피조물을 설명할 때, 종교는 창조주에 관한 주관적 신앙에 의존하며, 과학은 관찰・실험을 통해 수집된 객관적 자료와 검증이 가능한 경험적 증거에 바탕을 둔다.

종교가 한 분야로 포함되는 신학적 탐구의 목적은 신과 도덕적 측면에 관한 진리와 그 이해에 있으며, 자연세계를 대상으로 하는 과학적 탐구의 목적은 경험적 증거에 바탕을 둔 자연세계에 관한 진리와 앎에 있다. 신학자들은 이러한 관계에 의거해, 창조주 신과 그 신이 창조했다고 가정하는 자연세계를 충분히 이해하기 위해서는 신학과 과학 두 영역의 연구가 다 필요하다고 주장한다. 현대사회에서 과학과 종교의 관계를 탐구할 이유가 다양하겠지만, 오늘날의 과학과 신학의 연구에서는 다음과 같은 세 가지 이유가 가장 일반적으로 강조된다.

- 과학과 종교는 각자 혼자서는 실재에 대한 온전한 설명을 제시할 수 없다.
- 과학과 종교 둘 다 사물을 이해하는 데 관심이 많다.
- 최근 과학계에는 과학적 탐구를 통해 제기된 보다 광범위한 문제에 대한 답을 과학만으로 제시하기에는 역부족이라는 인식이 고조되고 있다.

도킨스와 굴드는 과학으로 우주와 생명의 본질은 물론이고 우주와 생명의 존재 이유 및 그 의미 그리고 삶의 의미에 관한 질문에도 대답할 수 있다고 생각하며, 최근의 과학적 무신론은 과학이 종교를 대체했다고 선언한다. 이런 과학과 대조적으로, 창조과학은 오히려 종교가 과학을 대체했다고 주장한다. 그러나 이 주장은 둘 다 과학의 본성에 대한 잘못된 이해 또는 올바른 이해의 부족에 근거한다. 과학은 사물의 작용 원리와 구조를 밝히는 데 주력하고, 종교는 의미의 문제를 탐구하는 데 중점을 두며 인간의 상황을 변화시키는 것을 목표로 한다. 과학적 방법은 도덕적 질문에는 적용할 수 없는 오늘날, 윤리적 · 심미적 · 영적 문제해결을 도와주는 종교가 점점 더 절실하게 요구된다.

종교와 신앙은 시대적 상황에 적응하고 도전에 대응하는 과정을 거쳐 변해왔다. 과학은 그리스도교 신앙에 도전하여 무시할 수 없는 영향을 미쳤다. 그러나 과학적 방법은 본질적 속성상 자연세계의 실존적 의미와 존재의 궁극적 목적을 밝혀주지 못한다. 신학은 천문학·우주론·물리학의 관점을 통해서는 이해하지 못하는 자연세계의 궁극적 실체와 그 진리를 성경과 계시를 빌어 알려주며 설명한다. 그래서 신에 의한 창조에 관한 신앙적 시각은 현대의 첨단 과학과 과학기술의 이해와 해결할 윤리적 문제의 파악에 필수적 수단으로 이용될 수 있다.

우주의 본질은 관찰·측정·실험을 통한 과학적 탐구를 통해서는 밝힐 수 없다. 종교적 관심의 핵심이기도 한 우주가 창조된 목적과 그 존재의 의미에 대한 신비는 유물론적·무신론적인 과학주의적 태도를 지양하고, 이성의 한계를 넘어서는 초월적 영역과 실체를 따를 필요가 있다. 인간의 궁극적 실존도 신앙적 시각이나 관점이 없이 과학지식만을 통해서는 이해할 수 없다. 종교는 과학자로 하여금 실재에 열려 있고 지성적 호기심을 갖게 한다.

생각 정리하기

1. 과학 · 과학기술 · 사회에 관한 다음 주제에 관해 말하시오.
    1) STS가 대두된 배경과 의미
    2) 과학과 과학기술의 의미, 차이, 관계
    3) 과학 · 과학기술 · 사회의 상호 간에 미치는 영향

2. 과학자에 관한 다음 주제에 관해 말하시오.
    1) 과학자의 정의
    2) 과학자가 하는 일과 역할
    3) 과학자의 의무와 책임

3. 과학 · 과학기술 · 사회에 관한 다음 주제에 관해 말하시오.
    1) 도덕 · 윤리학 · 과학윤리 · 생명윤리의 차이와 관계
    2) 과학윤리와 생명윤리가 제기된 배경
    3) 과학지식을 활용할 때 제기되는 과학윤리적 문제와 해결 방법
    4) 과학적 연구를 수행할 때 제기될 수 있는 윤리적 문제와 해결 방법
    5) 과학적 연구의 결과를 발표할 때 제기될 수 있는 윤리적 문제와 해결 방법
    6) 과학적 연구가 사회 · 경제 · 문화에 미치는 영향

4. 과학과 종교의 관계에 관한 다음 주제에 관해 말하시오.
    1) 자연철학의 기원과 발달
    2) 자연철학 안에서의 과학 · 철학 · 종교/신학의 특성과 상호관계
    3) 종교/신학과 과학의 관계를 설명하는 다섯 가지 모형
    4) 현대의 과학에 대한 종교적/신학적 해석
    5) 현대의 종교/신학에 대한 과학적 해석 및 접근 방법

생각 나누기

1. 과학자의 의무 및 책임과 윤리적 책임에 대한 각자의 견해를 제시하고, 참가자 전체의 견해를 종합해 정리하시오.

2. 인공지능의 활용과 그에 수반되는 윤리적 문제에 관해 토의해 정리하시오.

찾아보기

『 ㄴ 』

『 ㄷ 』

『 ㄹ 』

『 ㅁ 』

『 ㅂ 』

『ㅅ』

『 ㅇ 』

『 ㅈ 』

『 ㅊ 』

『 ㅌ 』

『 ㅍ 』

『 ㅎ 』

저자 소개

박재용

1998년 강원대학교 사범대학 과학교육과 B.S.
2007년 한국교원대학교 지구과학교육전공 Ed.M.
2012년 강원대학교 과학교육학과, Ed.D.
2018-서울교육대학교 과학교육과 교수
저서: 《과학 수행평가》
역서: 《중 · 고등학교 과학수업》, 《과학 교사 PCK 재개념화: 개선된 합의 모델(RCM)의 이해와 적용》

이영희

1993년 단국대학교 사범대학 과학교육과 B.S.
2001년 이화여자대학교 일반대학원 과학교육과 Ed.M.
2007 미국 University of Houston, Ed.D.
2008-2012 미국 University of Houston 강의교수
2013-2014 Texas Southern University 전임교수
2014-현재 단국대학교 교육대학원 교육학과 교수
저서: ≪과학의 본성≫, ≪과학적 사고와 인간≫, ≪과학적 탐구≫, ≪미래 교육이 시작되다≫ 외

조희형

1974년 서울대학교 사범대학 생물교육과 B.S.
1983년 미국 Purdue University, Ph.D.
1984-2015년 강원대학교 과학교육학부 교수
2015-강원대학교 과학교육학부 명예교수
저서: 《그리스도교에 대한 과학과 과학기술의 도전 그리고 화해》(2024), 《과학 교육론과 지도법》(2022) 외 15권

과학이란 무엇인가?

2025년 7월 25일 1판 1쇄 인쇄
2025년 7월 30일 1판 1쇄 발행

저　자 : 박재용, 이영희
조희형
발행자 : 한 정 주
발행처 : 교육과학사

저자와의
협의하에
인지생략

경기도 파주시 광인사길 71
전화(031)955-6956~8/팩스(031)955-6037
Home-page: www.kyoyookbook.co.kr
E-mail: kyoyookbook@daum.net
등록: 1970년 5월 18일 제2-73호

낙장 · 파본은 교환해 드립니다.
Printed in Korea.

정가 15,000원
ISBN 978-89-254-1922-0